Koorosh Tookallo
Javad Heidarian

Płyn wiertniczy

Koorosh Tookallo
Javad Heidarian

Płyn wiertniczy

Nano Płyn wiertniczy

Wydawnictwo Bezkresy Wiedzy

Imprint
Any brand names and product names mentioned in this book are subject to trademark, brand or patent protection and are trademarks or registered trademarks of their respective holders. The use of brand names, product names, common names, trade names, product descriptions etc. even without a particular marking in this work is in no way to be construed to mean that such names may be regarded as unrestricted in respect of trademark and brand protection legislation and could thus be used by anyone.

Cover image: www.ingimage.com

Publisher:
Wydawnictwo Bezkresy Wiedzy
is a trademark of
International Book Market Service Ltd., member of OmniScriptum Publishing Group
17 Meldrum Street, Beau Bassin 71504, Mauritius
Printed at: see last page
ISBN: 978-620-2-44757-7

Płyn wiertniczy

Analiza wpływu wielościennych nanorurek węglowych (MWCNT) i glikolu polietylenowego (PEG) na wydajność wodnego błota bazowego (WBM) w formacjach łupkowych

Koorosh Tookallo[1]*, Javad Heydarian[2]

[1] Department of Petroleum Engineering, Faculty of Engineering, Islamic Azad University-Central Tehran Branch, Teheran, Iran; *Corresponujący pisarz Email: koorosh2kalloo@yahoo.com

[2] Research Institute of Petroleum Industry (RIPI), Teheran, Iran, heidarianj@yahoo.com

Spis treści

Tabela danych liczbowych

Streszczenie

Ze względu na znaczenie i interesujące właściwości wielościennych nanorurek węglowych (MWCNT) w niniejszych badaniach oceniana jest żywotność tych materiałów w błocie bazowym wody (WBM). Badano wpływ dodatków do błota, wody lokalnej oraz dodatkowych faz bentonitu i środków powierzchniowo czynnych na właściwości reologiczne, utratę wody i stabilność wodnego błota zasadowego w przypadku braku wielopłaszczyznowej węglowej nanorurki. Następnie przeprowadzono to samo doświadczenie w obecności wielościennej węglowej nanorurki w celu określenia skuteczności i wpływu nanocząsteczek (NPs) na właściwości błota wodnego. Wyniki wykazały, że dodatki, miejscowa woda, wielościenne wymiary nanorurek węglowych, faza dodawania bentonitu i środków powierzchniowo czynnych wpłynęły na właściwości reologiczne błota zasadowego wody. Po dodaniu samych lub razem nanorurek węglowych o wielu ścianach i glikolu polietylenowego, warunki eksploatacyjne właściwości reologicznych maleją o kolejne rzędy CNT; CNT + PEG; PEG. Wielościenna węglowa nanorurka węglowa poprawia integralność łupków i zwiększa ich odzyskiwanie. Ogólnie rzecz biorąc, obecność wielopłaszczyznowych nanorurek węglowych zwiększa wydajność polimerów i właściwości reologiczne błota zasadowego wody, a w rezultacie uzyskuje się stabilność łupków.

Słowa kluczowe: ***Błoto na*** bazie wody (WBM); Właściwości reologiczne; Nanocząsteczki; Nanorurka węglowa o wielu ścianach; Glikol polietylenowy; Stabilność łupków

1.Ogólna koncepcja

Węglowodory znajdują się w formacjach podziemnych. Wydobycie takich węglowodorów odbywa się na ogół przy zastosowaniu technologii wierceń rotacyjnych, co wymaga wiercenia, wykonywania i obróbki odwiertów przenikających do formacji wydobywczych.

Aby ułatwić wiercenie odwiertu, ciecz przepływa przez ciąg wiercący, z wiertła i w górę w pierścieniowym obszarze pomiędzy ciągiem wiercącym a ścianą otworu. Rysunek 1 przedstawia cyrkulację płynu wiertniczego podczas wiercenia.

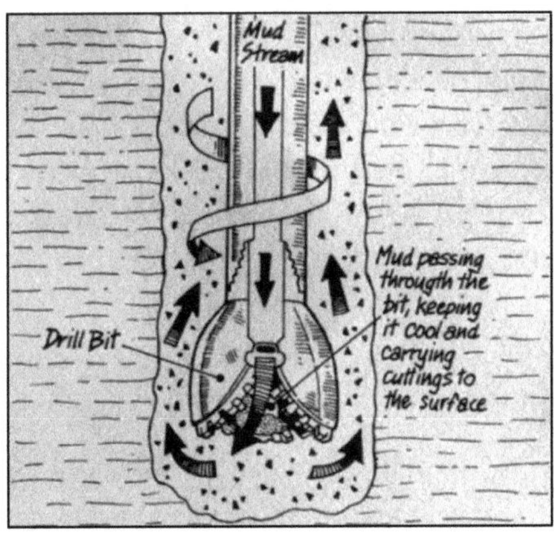

Rysunek 1 podczas wiercenia

Do powszechnych zastosowań płynów wiertniczych zalicza się: smarowanie i chłodzenie powierzchni skrawania wierteł podczas wiercenia ogólnego lub wiercenia (tj, wiercenie w docelowej formacji Petroliferous), transport "skrawków" (odłamków powstałych w wyniku cięcia zębów na wiertle) na powierzchnię, kontrolowanie ciśnienia płynu w formacji w celu zapobiegania wydmuchom, utrzymywanie stabilności odwiertu, zawieszanie substancji stałych w odwiercie, minimalizowanie utraty płynu do formacji i stabilizowanie formacji, przez którą wiercony jest odwiert, szczelinowanie formacji w pobliżu odwiertu, przemieszczanie płynu w obrębie odwiertu za pomocą innego płynu, czyszczenie odwiertu, testowanie odwiertu, przekazywanie mocy hydraulicznej na wiertło, płyn używany do opróżniania pakera, opuszczanie odwiertu lub przygotowanie odwiertu do opuszczenia, a także inne sposoby obróbki odwiertu lub formacji.

Rodzaje płynu wiertniczego

Dwa najczęściej stosowane rodzaje płynów wiertniczych to płuczki wodne i płuczki olejowe. Płuczki wodne (WBM) są to płuczki wiertnicze, w których fazą ciągłą systemu jest woda (słona woda lub słodka woda), a płuczki olejowe (OBM) to te, w których fazą ciągłą jest olej. Błota WBM to najczęściej stosowane błota na świecie. Jednakże płuczki wiertnicze mogą być szeroko klasyfikowane jako ciecze lub gazy. Chociaż stosowane są czyste mieszaniny gazowe lub gazowo-cieczowe, nie są one tak powszechne jak układy oparte na cieczach. Wykorzystanie powietrza jako płynu wiertniczego jest ograniczone do obszarów, gdzie formacje są kompetentne i nieprzepuszczalne. Zaletami wiercenia z wykorzystaniem powietrza w systemie cyrkulacyjnym są: większa penetracja, lepsze oczyszczanie otworu oraz mniejsze uszkodzenia formacji. Istnieją jednak również dwie istotne wady: powietrze nie może podtrzymywać boków otworu i nie może wywierać wystarczającego ciśnienia, aby zapobiec przedostawaniu się płynów do wnętrza otworu. Mieszanki gazowo-cieczowe (piana) są najczęściej stosowane tam, gdzie ciśnienie formowania jest tak niskie, że przy zastosowaniu nawet wody jako płynu wiertniczego powstają ogromne straty. Może się to zdarzyć na dojrzałych polach, gdzie wyczerpywanie się płynów zbiornikowych spowodowało niskie ciśnienie w porach.

Błota na bazie wody są stosunkowo niedrogie, ponieważ są gotowe do dostarczenia płynu, z którego są wykonane przez wodę. Mułki na bazie wody składają się z mieszaniny ciał stałych, cieczy i substancji chemicznych. Niektóre substancje stałe (gliny) reagują z wodą i substancjami chemicznymi w błocie i są nazywane aktywnymi substancjami stałymi. Aktywność tych ciał stałych musi być kontrolowana, aby umożliwić prawidłowe funkcjonowanie błota. Ciała stałe, które nie reagują w błocie, nazywane są ciałami stałymi nieaktywnymi lub obojętnymi (np. baryt). Pozostałe nieaktywne cząstki stałe są generowane w procesie wiercenia. Większość z tych błot wykorzystuje się jako bazę dla wody słodkiej, ale w morskich wierceniach wiertniczych woda słona jest łatwiej dostępna.

Typowy skład błota na bazie wody to:

- ✓ Clays (substancje stałe aktywne) 5%
- ✓ piasek, kamień wapienny (nieaktywne substancje stałe o niskiej gęstości) 5%
- ✓ Baryt (nieaktywne ciało stałe o wysokiej gęstości) 10%
- ✓ Woda (woda słodka lub słona) 80%

Główną wadą stosowania borowin wodnych jest to, że woda w tych borowinach powoduje niestabilność w łupkach. Łupki składają się głównie z glin, a ich niestabilność jest w dużej mierze spowodowana uwodnieniem glin przez błoto zawierające wodę. Łupki są najczęstszymi typami skał spotykanymi podczas wierceń w poszukiwaniu ropy naftowej i gazu ziemnego i powodują więcej problemów na metr przewierconej skały niż jakikolwiek inny typ formacji. Szacunki światowych, nieproduktywnych kosztów związanych z problemami łupkowymi szacuje się na 500 do 1000 milionów dolarów rocznie. Ponadto, gorsza jakość odwiertu często spotykana w łupkach może utrudnić lub uniemożliwić operacje pozyskiwania i wykańczania złóż.

Tworzenie łupków

Łupki są drobnoziarnistymi skałami osadowymi, które powstają w wyniku zagęszczenia cząsteczek mineralnych iłu ilastych. Kompozycja ta umieszcza łupki w kategorii skał osadowych znanych jako "kamienie błotne". Łupki różnią się od innych kamieni mułowych tym, że są rozszczepialne i laminowane. "Laminowana" oznacza, że skała składa się z wielu cienkich warstw. "Fissile" oznacza, że skała łatwo rozbija się na cienkie kawałki wzdłuż laminatów.

Niektóre łupki mają specjalne właściwości, które czynią je ważnymi surowcami. Czarne łupki zawierają materiał organiczny, który czasami rozpada się, tworząc gaz ziemny lub ropę naftową. Inne łupki mogą być kruszone i mieszane z wodą w celu uzyskania gliny, z której można zrobić różne użyteczne przedmioty.

Czarne łupki organiczne są skałą macierzystą dla wielu najważniejszych światowych złóż ropy naftowej i gazu ziemnego. Łupki te uzyskują swój czarny kolor z maleńkich cząstek materii organicznej, które osadzały się w błocie, z którego powstały. Gdy błoto zostało zakopane i ogrzane w ziemi, część materiału organicznego została przekształcona w ropę naftową i gaz ziemny.

Ropa naftowa i gaz ziemny migrowały z łupków i w górę przez masę osadów ze względu na ich niską gęstość. Ropa naftowa i gaz były często uwięzione w przestrzeniach porowych jednostki skalnej, takiej jak piaskowiec (patrz ilustracja). Tego typu złoża ropy naftowej i gazu ziemnego nazywane są "zbiornikami konwencjonalnymi", ponieważ ciecze te mogą łatwo przepływać przez pory skały i trafiać do odwiertu wydobywczego.

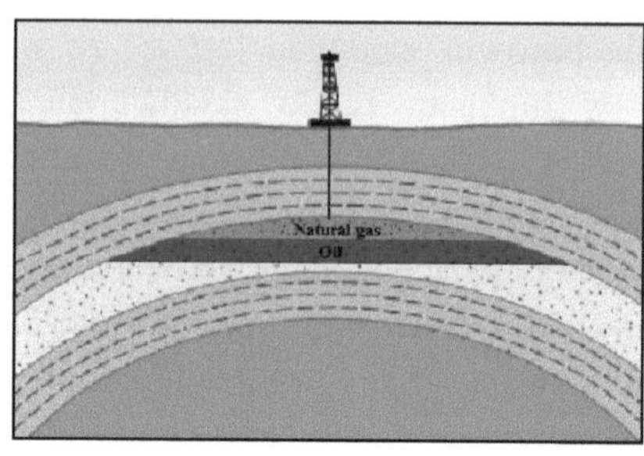

Rysunek 2 Zbiornik konwencjonalny ropy naftowej i gazu ziemnego

Rysunek 2 przedstawia Zbiornik Konwencjonalny Ropy i Gazu Ziemnego. Rysunek ten ilustruje "pułapkę antykliniczną", która zawiera ropę naftową i gaz ziemny. Jednostki szarej skały to nieprzepuszczalne łupki. Ropa naftowa i gaz ziemny tworzą się w obrębie tych jednostek łupkowych, a następnie migrują w górę. Część ropy i gazu zostaje uwięziona w żółtym piaskowcu, tworząc rezerwuar ropy i gazu. Jest to zbiornik "konwencjonalny" - co oznacza, że ropa i gaz mogą przepływać przez przestrzeń porową piaskowca i być wydobywane z odwiertu.

Mimo że wiercenia mogą wydobywać duże ilości ropy naftowej i gazu ziemnego ze skał zbiornikowych, duża ich część pozostaje uwięziona w łupkach. Ta ropa i gaz są bardzo trudne do usunięcia, ponieważ są uwięzione w małych przestrzeniach porowych lub adsorbowane na ilastych cząstkach mineralnych, które tworzą łupki.

Skład łupków

Łupki są skałą składającą się głównie z ziaren minerałów ilastych. Te drobne ziarna są zazwyczaj minerałami ilastymi, takimi jak illite, kaolinit i smektyt. Łupki zawierają zazwyczaj inne cząstki mineralne wielkości gliny, takie jak kwarc, czarnica i skaleń. Inne składniki mogą obejmować cząsteczki organiczne, minerały węglanowe, minerały tlenku żelaza, minerały siarczkowe i ciężkie ziarna mineralne. Te "inne składniki" w skale są często zdeterminowane przez środowisko osadzania się łupków i często decydują o kolorze skały.

Na przestrzeni lat poszukiwano sposobów na ograniczenie (lub zahamowanie) interakcji między bromkami wodnymi a formacjami wrażliwymi na wodę, takimi jak formacja łupkowa. Tak więc, na przykład pod koniec lat 60. ubiegłego wieku, badania nad reakcjami błotnisto-łupkowymi zaowocowały wprowadzeniem WBM, który łączy chlorek potasu (KCl) z polimerem zwanym częściowo hydrolizowanym poliakrylamidem - błotem KCI-PHPA. PHPA pomaga ustabilizować łupek, pokrywając go ochronną warstwą polimeru.

Wprowadzenie błota KCI-PHPA ograniczyło częstotliwość i dotkliwość problemów związanych z niestabilnością łupków, dzięki czemu możliwe było wiercenie odchylających się studni w formacjach o dużej aktywności wodnej, choć nadal przy wysokich kosztach i ze znacznymi trudnościami. Od tego czasu pojawiły się liczne wariacje na ten temat, a także inne rodzaje WBM mające na celu zahamowanie powstawania łupków.

W latach 70-tych przemysł zwrócił się w coraz większym stopniu w kierunku błota olejowego, OBM jako środka kontroli reaktywnych łupków. Mułki na bazie oleju są podobne w składzie do błota na bazie wody, z tym że fazą ciągłą jest olej. W odwrotnej emulsji olejowej błoto (IOEM) woda może stanowić duży procent objętości, ale olej jest nadal fazą ciągłą. (Woda jest rozproszona w całym systemie w postaci kropel).

Typowy skład błota na bazie oleju jest:

- ✓ gliny, piasek 5%
- ✓ sól 5%
- ✓ baryt 10%
- ✓ woda 30%
- ✓ olej 50%

OBM's nie zawierają wolnej wody, która może reagować z glinami w łupkach. OBM zapewnia nie tylko doskonałą stabilność odwiertu, ale także dobre smarowanie, stabilność temperaturową, zmniejszone ryzyko zakleszczenia różnicowego i niski potencjał uszkodzeń formowania. Płuczki ropopochodne powodują zatem mniej problemów z odwiertami i mniej szkód w formacji niż WBM i dlatego są bardzo popularne na niektórych obszarach. Mułki olejowe są jednak droższe i wymagają bardziej starannego obchodzenia się z nimi (kontrola zanieczyszczeń) niż błota mineralne. Błota z pełnego oleju mają bardzo niską zawartość wody (<5%), podczas gdy błota z emulsją olejową (IOEM's) mogą mieć od 5% do 50% zawartości wody.

Wykorzystanie OBM prawdopodobnie nadal będzie się rozszerzać pod koniec lat 80-tych i w latach 90-tych, ale dla uświadomienia sobie, że nawet z mało toksycznym mineralnym olejem bazowym, usuwanie skażonych OBM ścinków może mieć trwały wpływ na środowisko. W wielu obszarach świadomość ta doprowadziła do powstania przepisów zakazujących lub ograniczających zrzuty tych odpadów. To z kolei pobudziło intensywne działania mające na celu znalezienie akceptowalnych dla środowiska alternatyw i pobudziło badania nad BMR.

Opracowanie alternatywnych, nietoksycznych błot odpowiadających wydajności OBM wymaga zrozumienia reakcji, które zachodzą pomiędzy złożonymi, często słabo scharakteryzowanymi systemami błotnymi i równie złożonymi, wysoce zmiennymi formacjami łupków.

W ostatnich latach olej bazowy w OBM został zastąpiony przez płyny syntetyczne, takie jak estry i etery. Mułki na bazie ropy naftowej zawierają wprawdzie pewną ilość wody, ale woda ta ma postać nieciągłą i jest rozprowadzana w fazie ciągłej w postaci dyskretnych jednostek. W związku z tym woda nie może swobodnie reagować z glinami w łupkach lub w formacjach produkcyjnych.

Wybór rodzaju płynu wiertniczego, który ma być zastosowany w danej aplikacji wiertniczej, wymaga starannego wyważenia zarówno dobrych, jak i złych cech płynu wiertniczego w danej aplikacji oraz rodzaju odwiertu, który ma być wykonany.

Historycznie jednak do wiercenia większości odwiertów stosowano płyny wiertnicze na bazie wodnej. Ich niższy koszt i lepsza akceptacja dla środowiska w porównaniu z płynami z odwiertów naftowych nadal sprawiają, że są one pierwszą opcją w działalności wiertniczej. Często wybór płynu może zależeć od rodzaju formacji, przez którą wykonywany jest odwiert.

Typy formacji podziemnych przecinanych przez studnię mogą obejmować formacje, których głównymi składnikami są minerały ilaste, takie jak łupki, muły, muły i kamienie ilaste. Takie formacje zwykle muszą być penetrowane przed dotarciem do stref zawierających węglowodory. Łupki są najczęstszym i z pewnością najbardziej kłopotliwym typem skał, które muszą być przewiercone, aby dotrzeć do złóż ropy i gazu. Cechą, która sprawia, że łupki są najbardziej uciążliwe dla wiertaczy, jest ich wrażliwość na wodę, wynikająca po części z zawartości gliny i jej składu jonowego. Łupki są kłopotliwe również dlatego, że mają bardzo niską przepuszczalność (nano-Darcy) przy bardzo małych (nanometrowych) gardach porowych, które nie są skutecznie uszczelniane przez substancje stałe w konwencjonalnych płynach wiertniczych.

Przy przenikaniu przez takie formacje często napotyka się na wiele problemów, m.in. kulistość bitów, puchnięcie lub opadanie odwiertu, utknięcie rury i rozproszenie wywierconych ścinków. Może to mieć miejsce szczególnie w przypadku wykonywania odwiertów z użyciem płuczki wodnej ze względu na tendencję do niestabilności gliny w kontakcie z wodą, co może skutkować ogromnymi stratami czasu eksploatacji i wzrostem kosztów eksploatacji. Po wyschnięciu glina ma zbyt mało wody, aby się skleić, a więc jest kruchą i kruchą substancją stałą. I odwrotnie, w strefie mokrej, materiał jest zasadniczo płynny, o bardzo małej wytrzymałości i może być zmywany. Pośrednio jednak w tych strefach łupki są lepkim tworzywem stałym o znacznie zwiększonych właściwościach aglomeracyjnych i wytrzymałości właściwej.

Niestabilna tendencja łupków wrażliwych na wodę może być związana z adsorpcją wodną i uwodnieniem glin. Kiedy wodny płyn wiertniczy ma kontakt z łupkami, następuje natychmiastowa adsorpcja wody. Może to powodować nawodnienie i pęcznienie gliny, co może prowadzić do zwiększenia jej objętości i/lub stresu. Wzrost naprężeń może spowodować kruche lub rozciągające pęknięcie formacji, prowadzące do zawalenia się jaskini, kulkowania bitów i zaklinowania rury. Wzrost objętości może natomiast zmniejszyć wytrzymałość mechaniczną łupków i spowodować pęcznienie odwiertu, rozpad ścinków w płynie wiertniczym oraz kulkowanie narzędzi wiertniczych. Kulkowanie wiertła zmniejsza wydajność procesu wiercenia, ponieważ łańcuch wiertła zostaje ostatecznie zablokowany. Powoduje to, że sprzęt wiertniczy ślizga się na dnie otworu, uniemożliwiając mu przedostanie się do nieosłoniętej skały, a tym samym spowalniając tempo przenikania. Ponadto ogólny wzrost objętości towarzyszącej pęcznieniu gliny wpływa na stabilność odwiertu i utrudnia usuwanie skrawków spod wiertła, zwiększa tarcie pomiędzy wiertłem a ścianami otworu i hamuje tworzenie się cienkiego placka filtracyjnego, który uszczelnia formacje. Przestoje związane z moczeniem lub potknięciem bitu mogą być bardzo kosztowne i dlatego są niepożądane. Zazwyczaj stosuje się środki chemiczne (tj. utrzymanie dodatniego bilansu osmotycznego dla płynu wiertniczego w postaci odwróconej emulsji lub zapewnienie utrzymania właściwego rodzaju i wystarczającego stężenia (stężeń) inhibitora dla płynu wiertniczego na bazie wody), aby zminimalizować wszelkie interakcje pomiędzy płynem wiertniczym a łupkami. Jednak najlepszym sposobem na zminimalizowanie tych problemów z wierceniem jest zapobieganie adsorpcji wody i nawadnianiu gliny, a za najskuteczniejsze w tym celu uważa się płyny wiertnicze na bazie ropy naftowej.

Hamujące działanie płynów wiertniczych na bazie ropy naftowej wynika z emulgowania solanki w ropie naftowej, która działa jako półprzepuszczalna bariera, oddzielająca materialnie cząsteczki wody od bezpośredniego kontaktu z wrażliwymi na wodę łupkami. Cząsteczki wody mogą jednak przepływać przez tę półprzepuszczalną barierę, gdy aktywność wody płynu wiertniczego na bazie ropy naftowej różni się od aktywności wody w formacji łupków. Aby zapobiec osmotycznemu wciąganiu cząsteczek wody do formacji łupkowych, aktywność wodną płynu wiertniczego na bazie ropy naftowej reguluje się zazwyczaj do poziomu równego lub niższego od poziomu łupków. Ze względu na ich szkodliwy wpływ na środowisko, ciecze ropopochodne podlegają bardziej rygorystycznym ograniczeniom w ich stosowaniu, a często konieczne jest stosowanie cieczy wiertniczych na bazie wody. Istnieje zatem potrzeba poprawy właściwości inhibitorowych płynów wiertniczych na bazie wody, tak aby adsorpcja wody i nawadnianie gliny mogły być kontrolowane i/lub minimalizowane.

Uzdatnianie wodnych płynów wiertniczych za pomocą nieorganicznych środków chemicznych i dodatków polimerowych jest powszechną techniką stosowaną w celu zmniejszenia uwodnienia łupków. Jednak wysokie stężenia kationów nieorganicznych, dodatków polimerowych, glikoli i podobnych związków nie tylko podnoszą koszt płynu odwiertu, ale także mogą powodować poważne problemy z kontrolą właściwości błota i zawiesin czynników wagowych, zwłaszcza przy dużych masach błota i dużej zawartości części stałych. To znowu może być związane z brakiem wody, co pomaga wielu dodatkom błotnistym w rozpuszczaniu i prawidłowym funkcjonowaniu. Dlatego w celu zmniejszenia kosztów, a w szczególności zminimalizowania tych niepożądanych skutków ubocznych, stężenie takich dodatków powinno być ograniczone do minimum.

W związku z tym, biorąc pod uwagę częstotliwość występowania łupków w odwiertach podziemnych, istnieje ciągłe zapotrzebowanie na metody wiercenia z użyciem płynów wiertniczych, które zmniejszą potencjalne problemy napotykane podczas wiercenia przez łupki, takie jak: dyspersja łupków, akrecja i aglomeracja skał płonnych, gromadzenie się skał płonnych, kulkowanie bitów i czyszczenie otworów.

Nanorurki i nanorurki węglowe

Nanocząsteczki to cząstki o wielkości od 1 do 100 nanometrów (nm) z otaczającą je warstwą międzyfazową.

Nanorurka węglowa (CNT) to materiał w kształcie rurki, wykonany z węgla, o średnicy mierzonej w skali nanometrycznej. Ta niesamowita struktura posiada szereg fascynujących właściwości elektronicznych, magnetycznych i mechanicznych. CNT są co najmniej 100 razy silniejsze od stali, ale tylko jedna szósta tak samo ciężkie, więc włókna nanorurkowe mogą wzmocnić prawie każdy materiał. Nanorurki mogą przewodzić ciepło i prąd znacznie lepiej niż miedź. CNT są już stosowane w polimerach do kontroli lub poprawy przewodności i są dodawane do opakowań antystatycznych. Nanorurki węglowe mają wiele struktur, różniących się długością, grubością i liczbą warstw. Charakterystyka nanorurek może być różna w zależności od tego, jak arkusz grafenu zwinął się, tworząc rurę, powodując, że działa ona metalicznie lub jako półprzewodnik. Warstwa grafitu tworząca nanorurkę wygląda jak zwinięty drut z kurczaka z ciągłą, niełamaną siatką sześciokątną i molekułami węgla w wierzchołkach sześciokątów. Istnieje wiele różnych rodzajów nanorurek węglowych, ale zazwyczaj są one klasyfikowane jako jednościenne (SWNT) lub wielościenne (MWNT). Jednościenna nanorurka węglowa jest jak zwykła słoma. Ma tylko jedną warstwę, czyli ścianę. Wielościenne nanorurki węglowe to zbiór zagnieżdżonych rurek o stale rosnących średnicach. Mogą one obejmować od jednej rury zewnętrznej i jednej wewnętrznej (nanorurki dwuściennej) do aż 100 rur (ścianek) lub więcej. Każda z rurek jest utrzymywana w pewnej odległości od każdej z sąsiednich rurek przez siły międzykatomowe. Rysunek 3 przedstawia różne rodzaje nanorurek węglowych.

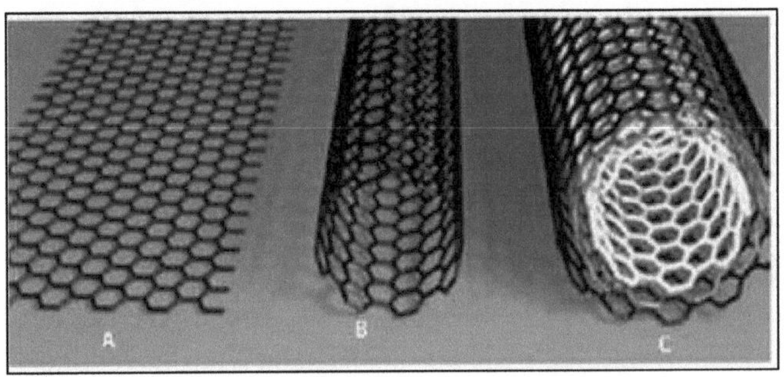

Rys. 3 (A) Arkusz grafenu (B) jednościenne nanorurki węglowe (C) wielościenne nanorurki węglowe

Niestabilność studni

Płyn wiertniczy w przemyśle naftowym jest ciężką, lepką mieszaniną płynów, która jest stosowana w wierceniach naftowych i gazowych do przenoszenia skał na powierzchnię, a także do smarowania i chłodzenia wiertła. Płuczka wiertnicza, dzięki ciśnieniu hydrostatycznemu, pomaga również zapobiegać zapadaniu się niestabilnych warstw do otworu i przedostawaniu się wody z napotkanych warstw wodonośnych. Typowa płuczka wiertnicza na bazie wody zawiera glinę, zwykle bentonit, która nadaje jej wystarczającą lepkość, aby przenieść wióry skrawające na powierzchnię, a także minerał taki jak baryt (siarczan baru), który zwiększa masę kolumny na tyle, aby ustabilizować otwór. Mniejsze ilości setek innych składników mogą być dodawane, takich jak soda kaustyczna (wodorotlenek sodu) w celu zwiększenia alkaliczności i zmniejszenia korozji, sole takie jak chlorek potasu w celu zmniejszenia przenikania wody z płynu wiertniczego do formacji skalnej oraz różne ropopochodne smary wiertnicze. Płyn wiertniczy jest przepompowywany przez rurę wiertniczą do wiertła, gdzie opuszcza rurę, a następnie jest przepłukiwany z powrotem do góry otworu na powierzchnię. Rysunek 4 przedstawia system cyrkulacji płynu wiertniczego.

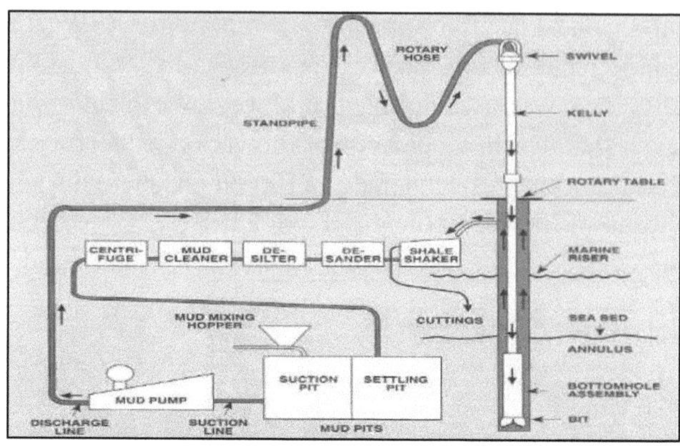

Rysunek 4 Układ cyrkulacji płynu wiertniczego

Niestabilność odwiertu to niepożądany stan odstępu między otworami, który nie pozwala na zachowanie jego wielkości i kształtu i/lub integralności konstrukcyjnej. Przyczyny można podzielić na następujące kategorie:

- ✓ Uszkodzenia mechaniczne spowodowane przez naprężenia na miejscu
- ✓ Erozja spowodowana cyrkulacją płynów
- ✓ Substancja chemiczna spowodowana interakcją płynu wiertniczego z formacją

Istnieją cztery różne rodzaje niestabilności odwiertów:

1. Zamykanie lub zwężanie otworów
2. Powiększenie otworów lub umywalki
3. Złamanie
4. Upadek

1. Zamknięcie otworu

Zamykanie odwiertów jest zawężonym, zależnym od czasu procesem niestabilności odwiertów. Czasami określa się ją jako pełzanie pod naporem nadkładu i zazwyczaj występuje w pływających w plastiku odcinkach łupków i soli. Problemy związane z zamknięciem otworu są:

- ✓ Wzrost momentu obrotowego i oporu
- ✓ Wzrost potencjalnego przyklejania się rur
- ✓ Wzrost trudności przy wyładunku osłonek

2. Powiększenie dziury

Powiększenia otworów są powszechnie nazywane płukaniami, ponieważ otwór staje się niepożądanie większy od zamierzonego. Powiększenia dziur są na ogół spowodowane:

- ✓ Erozja hydrauliczna
- ✓ Ścieranie mechaniczne powodowane przez sznurek wiertarski
- ✓ Z pozoru łupki łupkowe

Problemy związane z powiększeniem dziury są następujące:

- ✓ Wzrost trudności z cementowaniem
- ✓ Wzrost potencjalnego odchylenia otworu
- ✓ Wzrost wymagań hydraulicznych w zakresie efektywnego czyszczenia otworów
- ✓ Wzrost potencjalnych problemów podczas operacji pozyskiwania drewna

3. Złamanie

Złamanie następuje, gdy ciśnienie płynu wiertniczego przekracza ciśnienie pęknięcia formacji. Związane z tym problemy to utrata krążenia i ewentualne kopnięcie.

4. Upadek

Zawalenie się otworu następuje wtedy, gdy ciśnienie płynu wiertniczego jest zbyt niskie, aby utrzymać integralność konstrukcyjną wywierconego otworu. Związane z tym problemy to przyklejanie się rur i ewentualna utrata studni.

Niestabilność odwiertu w formacji łupków

Łupki stanowią większość przewiercanych formacji i powodują najwięcej problemów z niestabilnością odwiertów, od wypłukania po całkowite zawalenie się otworu. Łupki są drobnoziarnistymi skałami osadowymi składającymi się z gliny, mułów, a w niektórych przypadkach z drobnego piasku. Rodzaje łupków wahają się od bogatych w glinę gumbo (stosunkowo słabych) do łupków ilastych (wysoko cementowanych) i mają wspólne cechy bardzo niskiej przepuszczalności i wysokiego udziału minerałów ilastych. Ponad 75% wierconych formacji na świecie to formacje łupkowe. Koszty wiercenia przypisywane problemom związanym z brakiem dostępu do łupków wynoszą ponad pół miliarda dolarów rocznie. Przyczyny niestabilności łupków są następujące:

1. mechaniczne (zmiana naprężeń w stosunku do środowiska wytrzymałościowego łupków)

2. chemiczne (interakcja łupków z płynem - ciśnienie kapilarne, ciśnienie osmotyczne, dyfuzja ciśnienia, inwazja otworu wiertniczego z płynem do łupków).

1. Niestabilność mechaniczna

Niestabilność mechaniczna skał może wystąpić, ponieważ po wierceniu został zakłócony stan równowagi naprężeń in situ. Stosowany płyn wiertniczy o określonej gęstości może nie doprowadzić do przeniesienia zmienionych naprężeń do stanu pierwotnego, w związku z czym łupki mogą stać się mechanicznie niestabilne.

2. Niestabilność chemiczna

Indukowana chemicznie niestabilność łupków jest spowodowana interakcją pomiędzy płynem wiertniczym a łupkami, która zmienia wytrzymałość mechaniczną łupków, a także ciśnienie porów łupków w pobliżu ścian otworu. Mechanizmy, które przyczyniają się do tego problemu obejmują:

1. Ciśnienie kapilarne
2. Ciśnienie osmotyczne
3. Dyfuzja ciśnienia w pobliżu ścianek otworu
4. Inwazja płynu do otworu wiertniczego w łupkach podczas wiercenia nadwyrężonego

1. Ciśnienie kapilarne

Podczas wiercenia płyn wiercący w otworze styka się z natywnym płynem porowatym w łupkach przez złącze porów. Prowadzi to do rozwoju ciśnienia kapilarnego. Aby zapobiec przedostawaniu się płynów z odwiertów do łupków i ustabilizować je, konieczne jest zwiększenie ciśnienia kapilarnego, co można osiągnąć za pomocą systemów olejowych lub innych organicznych niskobiegunowych systemów płuczkowych.

2. Ciśnienie osmotyczne

Gdy poziom energii lub aktywność w płynie porowatym łupków różni się od aktywności w płuczce wiertniczej, w wyniku rozwoju ciśnienia osmotycznego lub potencjału chemicznego może nastąpić ruch wody w dowolnym kierunku przez półprzepuszczalną membranę. Aby zapobiec lub zmniejszyć przepływ wody przez tę półprzepuszczalną membranę, która ma pewną wydajność, działania muszą być wyrównane lub przynajmniej zminimalizować ich różnice. Aktywność płynu wiertniczego może być zmniejszona poprzez dodanie elektrolitów, które można uzyskać dzięki zastosowaniu systemów płynu wiertniczego, np:

- ✓ Woda morska
- ✓ Sól nasycona/ polimer
- ✓ KCl/NaCl/polimer
- ✓ Wapno/gips

3. Dyfuzja ciśnienia

Dyfuzja ciśnienia jest zjawiskiem zmiany ciśnienia w pobliżu ścian otworu, które występuje w czasie. Ta zmiana ciśnienia jest spowodowana ściskaniem rodzimego płynu w porach przez ciśnienie płynu w otworze wiertniczym i ciśnienie osmotyczne.

4. Inwazja płynu do otworu wiertniczego w łupkach

W przypadku konwencjonalnego wiercenia zawsze utrzymywana jest dodatnia różnica ciśnień (różnica pomiędzy ciśnieniem otworu - płynu, a ciśnieniem porów - płynu). W wyniku tego do formacji zmuszony jest płynny otwór wiertniczy (zjawisko utraty płynu), co może powodować interakcje chemiczne, które mogą prowadzić do niestabilności łupków. Aby złagodzić ten problem, do uszczelniania mikropęknięć stosuje się zwiększenie lepkości błota lub, w skrajnych przypadkach, gilsonit.

Wiercenie nadmiarowo zbalansowanej formacji łupków za pomocą płynu na bazie wody (WBF) pozwala na penetrację formacji przez ciśnienie płynu wiertniczego. Ze względu na nasycenie i niską przepuszczalność formacji, wnikanie niewielkiej ilości przesączu błotnego do formacji powoduje znaczny wzrost ciśnienia przepływu porowatego przy ścianie odwiertu. Wzrost ciśnienia przepływu porowatego zmniejsza skuteczne wspomaganie błota, które może powodować niestabilność. Kilka systemów polimerowych WBF pozwoliło na uzyskanie efektu inhibicji łupków na płynach ropopochodnych (OBF) i płynach na bazie syntetycznej (SBF) poprzez zastosowanie silnych inhibitorów i enkapsulatorów, które pomagają zapobiegać uwodnieniu i dyspersji łupków.

2. Wprowadzenie

W dzisiejszych czasach utrzymanie stabilności odwiertu jest bardzo ważnym aspektem wiercenia. Inwazja wody do formacji łupkowych spowodowana jest osłabieniem odwiertu i powoduje wiele problemów, np. zaklinowanie się rury i zawalenie się otworu [1. Problem niestabilności odwiertu w formacji łupkowej jest dobrze znany w branży wiertniczej, gdyż ponad 75% wierconych formacji składa się ze skał łupkowych. Wszelkie problematyczne łupki są poważnym problemem technicznym, który powoduje 90% problemów z brakiem stabilności odwiertów, wydatków czasowych i dochodów z eksploatacji złóż ropy naftowej [2.

Ze względu na charakterystyczną wrażliwość łupków na wodę w stosunku do ich składu jonowego i zawartości gliny, formacja ta jest postrzegana jako najbardziej uciążliwy problem dla wiertaczy. Łupki są również kłopotliwe, ponieważ mają bardzo niską przepuszczalność Nano-Darcy z bardzo małymi nanometrowymi gardłami porów, które nie są skutecznie uszczelniane przez substancje stałe w konwencjonalnych płynach wiertniczych. Niestabilna tendencja łupków wrażliwych na wodę może być związana z adsorpcją wody i uwodnieniem gliny [3.

W przeszłości płuczki naftowe o zrównoważonej aktywności (OBM) były wykorzystywane do wiercenia przez uciążliwe formacje łupkowe [4. OBM podlegając swojej znakomitej charakterystyce stabilizacji łupków może rozwiązać takie problemy niestabilności odwiertów [5. OBM jest kluczowym rozwiązaniem dla utrzymania stabilności łupków [6. Stosowanie OBM jest jednak ograniczone głównie ze względu na jego ograniczenia środowiskowe (w szczególności w przypadku odwiertów morskich), opłacalność i bezpieczeństwo [7.

Dlatego też projektowanie i rozwój wodnego błota bazowego (WBM) o wydajności OBM jest obecnie postrzegane jako obszar dużego zainteresowania w przemyśle naftowym.

WBM, który składa się z chlorku potasu (KCl) i polimeru, został wprowadzony w latach 60-tych. Częściowo hydrolizowany poliakrylamid (PHPA) dostarcza powłok i środków pomocniczych do stabilizacji łupków za pomocą polimerowej warstwy ochronnej [6. Rysunek 5 przedstawia połączenie PHPA z płytami ceramicznymi w procesie powstawania łupków i ich monomeru. Van Oort poprzez zastąpienie OBM przez WBM w niektórych dziedzinach algierskich, udowadniając, że zastosowanie określonych dodatków, tj. KCl i polimeru, poprawia stabilność łupków [8. Na innych obszarach, gdzie wymagane jest zahamowanie zmian chemicznych łupków, można stosować szlamy potasowo-zasadowe. Wymiana jonów potasu z jonami sodowymi lub wapniowymi na powlekanych glinach i smektytach [5.

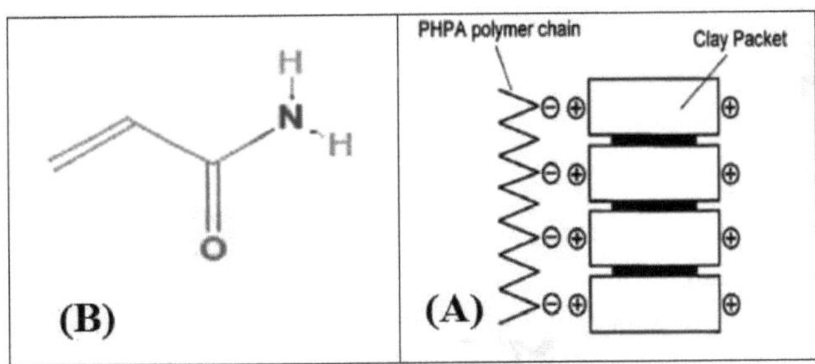

Rysunek 5 (A) Połączenie PHPA z płytami ceramicznymi w formacjach łupkowych (B) Monomer PHPA

Konwencjonalne płyny makro- i mikro-podstawowe (chemikalia i polimery) mają ograniczoną stabilność termiczną. Co więcej, uległyby one degradacji termicznej powyżej 125-130 °C. Ze względu na degradację chemikalia te nie mogą skutecznie spełniać swojej funkcji w systemach płuczek wiertniczych. Dlatego też, aby osiągnąć pożądane właściwości lepkie i żelujące pod wysokim ciśnieniem i w wysokich temperaturach, płuczka wiertnicza musi składać się z określonych składników, np. nanocząsteczek, które mają stabilność w ekstremalnych warunkach. Doskonała przewodność cieplna płynów Nanobase związana z tolerancją temperatury i ciśnienia, może być lepszym wyborem. Nanocząsteczki mogą stać się trwałym składnikiem wszystkich systemów płuczek wiertniczych, ponieważ mogą być skutecznym rozwiązaniem wielu problemów związanych z odwiertami. NP jako wspaniała alternatywa zastępują tradycyjne strategie i pozwalają obecnemu przemysłowi wiertniczemu na przekroczenie limitów w celu dotarcia do tych konkretnych węglowodorów, które są regularnie nazywane niedostępnymi [9.

WBM jest raczej w większym stopniu w kontakcie z gliną niż OBM. Ten kontakt może powodować niestabilność. Aby ograniczyć inwazję płynów wiertniczych, powinny one tworzyć wewnętrzny lub zewnętrzny placek płuczkowy [10. Normalne dodatki nie mogą tworzyć dobrego ciasta błotnego, ze względu na małe rozmiary porów w gardle i niską przepuszczalność łupków. W łupkach może nie dojść do zatkania gardzieli porów, ze względu na duże rozmiary regularnie stosowanych dodatków błota stałego, które nie zatykają gardzieli porów. Normalne cząstki stałe są około 100 razy większe niż pory w gardle [11. Powolny strumień przesączu WBM do formacji prowadzi do znacznej strefy ciśnienia porowego w pobliżu ściany odwiertu, a następnie do jego niestabilności. Dlatego też, fizyczne zatykanie gardzieli porów Nanoskali może zostać wdrożone w celu osiągnięcia kilku korzyści, włącznie z redukcją ciśnienia w porach, dzięki funkcji zapobiegania napływowi nadsączu błotnego w kierunku łupków, podczas gdy pęcznienie łupków jest zredukowane dzięki funkcji unikania większej interakcji pomiędzy łupkami a nadsączem błotnym, wysoka wydajność membrany jest generowana dzięki redukcji przepuszczalności łupków, a w konsekwencji stabilności łupków [8.

Eksperymenty wykazały, że NPs poprawiają właściwości reologiczne Nanofluidów [12. Niedawno opracowano płyny wiertnicze Nanobase, które przyczyniły się do poprawy właściwości reologicznych, tj. stabilności i właściwości żelujących oraz ultracienkiego placka borowinowego. Płyny nanobazowe zmniejszają wszelkie uszkodzenia w trakcie powstawania poprzez eliminację utraty ostrości. Ultrathin ciasto błotne drastycznie zmniejsza przywieranie rurki różnicowej i w wyniku tego w formacji o wysokiej przepuszczalności nakłada się płyn nanobazowy [13.

Ze względu na następujące fakty, nanododatki (Nanos) mają potencjał do wykorzystania w operacjach wiertniczych; po pierwsze, ogromna powierzchnia NPs zwiększa interakcje pomiędzy Nanos a reaktywnymi łupkami i rozwiązuje problemy z odwiertem. Po drugie, mniejsza energia kinetyczna NPs zmniejsza efekt ścierny Nanos na sprzęt do dołu, co prowadzi do jego uszkodzenia. Podsumowując, Nanos są bardzo skuteczne w niskich stężeniach, ponieważ są one korzystne dla ekosystemu i przemysłu [14. Alternatywne podejście do stabilności łupków oparte na pracach badawczych Sensory, Chenevert i Sharma prowadzonych na nanokrzemionce (nS), pokazuje, że przepływ płynów przez korek łupkowy Atoka może być odcięty przez NPs. W rzeczywistości to, co zasadniczo prowadzili, to zatykanie nano-porów w łupkach za pomocą nanocząsteczek krzemionki [10. Wcześniej wyniki badań na próbkach łupków gazowych pokazały, że właściwe sformułowanie błota i dobór odpowiednich nanomateriałów o odpowiedniej wielkości i stężeniu są kluczem do zapobiegania napływowi wody do próbek łupków o szerokim zakresie przepuszczalności początkowej w zakresie od 1 do 100.000 Nano-Darcy (nD) [14.

Dodanie funkcjonalnej wielościennej węglowej nanorurki (MWCNT) zwiększa granicę plastyczności i lepkość tworzyw sztucznych WBM, zmniejsza utratę pędów, tworzy jednolity placek błotny, ponieważ ryzyko zakleszczenia się rury jest zmniejszone, a moment obrotowy zmniejsza się podczas operacji wiercenia. Dzięki zastosowaniu MWCNT zwiększa się lepkość pierścieniową, a tym samym zwiększa się wydajność czyszczenia otworów i udźwig w porównaniu z konwencjonalną brombą wodną [15. MWCNT w studniach wysokotemperaturowych i ciśnieniowych może zostać zastąpiony konwencjonalnymi środkami lepkościowymi, np. polimerami organicznymi, gliną lub kwasami tłuszczowymi. Zastosowanie MWCNT z określonymi śladowymi ilościami, najlepiej poniżej 3% wagowo, nie spowodowałoby dodatkowych problemów, dzięki czemu błoto mogłoby lepiej pompować [16. Płyn wiertniczy zawierający materiały na bazie grafenu zmniejsza przepuszczalność łupków, zamykając ich pory i osiągając lepsze wyniki niż w przypadku konwencjonalnych polimerów, szczególnie w wysokich temperaturach [17. MWCNT ze środkiem ekranującym (PHPA i PAC) pozwala nam na użycie mniejszej ilości NP, co nie powoduje zerwania testu filtracji API [3. MWCNT poprawia właściwości reologiczne, zwiększa przewodnictwo cieplne i naprężenia ścinające, zmniejsza straty wody [18, poprawia odporność na korozję, zwiększa prędkość obrotową, poprawia przewodnictwo elektryczne, zwiększa zwilżalność i trwałość łupków. Quintero et al. stwierdzili, że stężenia NPs dla stabilności łupków powinny wynosić od 5 do 150.000 ppm. Stwierdzili oni, że NP z ładunkiem powierzchniowym, takim jak MWCNT, mogą pomóc w osiągnięciu stabilności łupków. Niewielkie rozmiary NPs pozwalają na dobry dostęp do matrycy łupkowej [19. Amanullah i wsp. stwierdzili, że MWCNT mogą zwiększyć lepkość płynu w składzie RDW o co najmniej 10 centypów (cp), zapewniając dodatkową zdolność żelowania, podczas gdy straty wody i grubość placka błotnistego są zmniejszone [20.

W niniejszej pracy badany jest wpływ MWCNT i PEG na właściwości reologiczne, odzyskiwanie łupków oraz integralność łupków WBM.

3. Materiały i metodyka badawcza

3.1 Materiały

- ✓ Bentonit, chlorek potasu, guma ksantanowa (XG) (środek zwiększający lepkość) oraz PHPA zakupione od Kimyagaran Drilling Fluids, wiodącego przedsiębiorstwa handlowego zajmującego się produkcją i dostawą surowców do produkcji płuczki wiertniczej z ropy naftowej i gazu w Iranie.

- ✓ Soda kaustyczna i polietylen Glikol 600 zakupione od Merck w Iranie. Od Henzak Chemie Company w Iranie zakupiono celulozę polianionową o niskiej lepkości (dodatek do kontroli strat płynów).

- ✓ Nanorurka węglowa modyfikowana powierzchniowo (Functionalize Carbon Nanotube [FCNT]) (MWCNT, średnica = 10-20 nm, czystość > 95%, długość 10μm i powierzchnia: 250 m2/g);

- ✓ Notified Carbon Nanotube (PCNT) (MWCNT, średnica = 10-20 nm, czystość > 95%, długość 10μm i powierzchnia: 250 m2/g);

- ✓ Większa niemodyfikowana nanorurka węglowa (MCNT) (MWCNT, średnica ≥ 50 nm, czystość > 95 %, długość 20-30 μm).

Wszystkie rodzaje wielościennych nanorurek węglowych (MWCNT) zostały wyprodukowane w Instytucie Badawczym Przemysłu Naftowego Iranu (Research Institute of Petroleum Industry of Iran, RIPI). Środkami powierzchniowo czynnymi stosowanymi w tych badaniach są Tween 80 (T80), Gum Arabic (GA) i siarczan dodecylu sodu (SDS), które są powszechnie stosowane w przemyśle naftowym.

Lokalna analiza wody została przeprowadzona metodą ASTMD4691, a jej wyniki przedstawiono w tabeli 1.

Tabela 1. Lokalna analiza wody.

Nie.	Składnik	Kwota	Jednostka
1	Na	1.0	g/L
2	Mg	0.15	
3	Ca	0.45	
4	K	9	mg/L

MWCNT nie rozpraszają się w wodzie ze względu na ich właściwości hydrofobowe. Mogą one być hydrofilowe poprzez wprowadzenie hydrofilowych grup funkcyjnych na ich powierzchnię poprzez obróbkę kwasem, jak pokazano na rysunku 6.

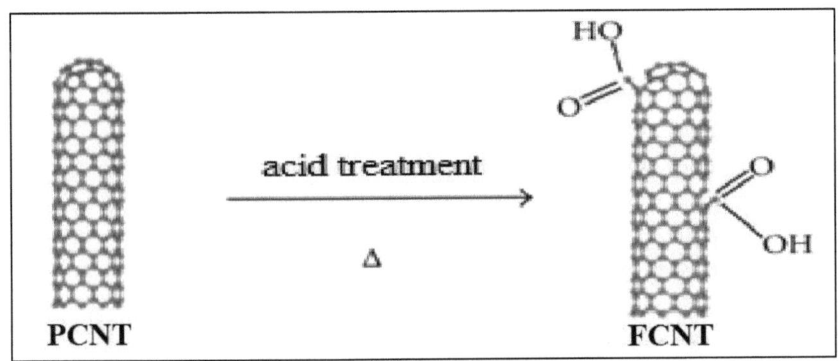

Rysunek 6 PCNT i FCNT

3.1.1 Właściwości materiałów

Minerał bentonit można znaleźć na całym świecie. Tworzy się z wietrzącego popiołu wulkanicznego. Ma on pewne wyjątkowe właściwości: po wymieszaniu z wodą wykazuje tzw. reakcję tiksotropową. Reaguje jako ciecz, gdy jest poddawana mechanicznym obciążeniom, na przykład potrząsana lub mieszana. Jednak twardnieje w stanie spokojnym, ponieważ zwiększa się jego lepkość. Ponieważ bentonit zawiera 60-80% montmorylonitu, posiada on specjalne właściwości, takie jak obrzęk i adsorpcja. Trójwarstwowy krzemian może wchłonąć wyjątkową ilość wody i rozszerzyć się o wielokrotność pierwotnej wielkości. Pęcznienie i lepkość bentonitu w obecności wody, jak również jego szczególnie wysoka wewnętrzna powierzchnia otwierają wiele możliwości zastosowania tego minerału.

Guma ksantanowa, biopolimer o wysokiej masie cząsteczkowej, zapewnia wszechstronną kontrolę reologiczną w szerokim zakresie solanek, płynów wiertniczych i szczelinujących. Guma ksantanowa jest uważana za bezpieczną i odpowiednią do stosowania w miejscach i zastosowaniach wrażliwych na środowisko. W zastosowaniach na polach naftowych guma ksantanowa zapewnia doskonałą kontrolę reologiczną dla wodnych płynów wiertniczych, wiertniczych i roboczych w szerokiej gamie solanek. Wysoka lepkość przy niskich stężeniach i wydajny transport ciał stałych w warunkach wysokiej lepkości/niskiego ścinania przynosi szereg korzyści w zastosowaniach wiertniczych i na polach naftowych, m.in:

1. Zminimalizowane tarcie podczas pompowania wapna, wody słodkiej i słonej w błocie
2. Maksymalna penetracja wiertła
3. Przyspieszone tempo wiercenia w warunkach niskiej lepkości/wysokiego ścinania

4. Zmniejszone odkładanie się ciał stałych w płynach wiertniczych
5. Obsługa wysokich stężeń żwiru
6. Stabilizacja płynów do czyszczenia otworów
7. Zmniejszone szkody w tworzeniu się oleju
8. Zmniejszone wydatki na konserwację
9. Niższy całkowity koszt eksploatacji
10. Stabilizuje jednolitą zawiesinę pigmentów
11. Skrócony czas zawieszenia
12. Zapewnia właściwości tiksotropowe
13. Kontroluje synerezę podczas przechowywania i stosowania
14. Zapewnia stabilność mikrobiologiczną w preparatach na bazie wody
15. Zgodność z wymogami dotyczącymi przyjaznych dla środowiska receptur farb

PHPA (Partially-Hydrolyzed Poly-Acrylamide) jest polimerem o bardzo dużej masie cząsteczkowej, który adsorbuje się na powierzchniach gliny i łupków w celu zamknięcia wywierconych odłamków i pokrycia otworu wiertniczego lepką warstwą polimerową. Działa to jako bariera zapobiegająca kontaktowi wody z glinami i łupkami, co ponownie pomaga zminimalizować nawodnienie, pęcznienie i dyspersję gliny i łupków.

Zalety PHPA są następujące:

1. Funkcjonuje jako inhibitor przez powlekanie lub enkapsulację formacji i ścinków.
2. Ogranicza to również interakcję wodnych łupków hydratabilnych i dyspersyjnych.
3. Może być stosowany jako flokulent w wierceniu w czystej wodzie.
4. Zapewnia również właściwości hamujące dla wody słodkiej, wody morskiej, a także w obecności jonów wapnia.
5. Wysoka lepkość tego płynu do wiercenia pomaga w lepszym usuwaniu ścinków z otworu.
6. Jest odporny na fermentację bakteryjną.

Chlorek potasu (KCl) jest źródłem jonów potasu, które są wystarczająco małe, aby zmieścić się między płytkami glinianymi bez zniekształcania siatki łupkowej. Jony potasu są adsorbowane na wymiennych kationach w siatce łupków, co utrzymuje płytki razem, co pomaga zminimalizować nawodnienie, pęcznienie i dyspersję gliny i łupków.

Powłoka PHPA pomaga utrzymać wiercone ścinki w stanie nienaruszonym podczas ich przesuwania w górę pierścienia uszczelniającego, poprawiając skuteczność kontroli osadów stałych na powierzchni i pomagając kontrolować gromadzenie się osadów stałych w płynie wiertniczym. System polimerów KCL-PHPA jest łatwy do mieszania, a właściwości hamujące są łatwe do regulacji w zależności od reaktywności gliny i łupków podczas wiercenia. Stężenie jonu potasowego należy jednak ostrożnie dostosować do reaktywności łupków, ponieważ niskie stężenie sprzyja ich uwodnieniu i dyspersji, a nadmierna obróbka może spowodować odwodnienie i destabilizację odwiertu.

Soda kaustyczna (NaOH) jest używana w większości błot bazowych w celu zwiększenia i utrzymania pH i zasadowości. Jest to materiał niebezpieczny w użyciu, ponieważ jest bardzo żrący i wydziela ciepło po rozpuszczeniu w wodzie. Do bezpiecznego posługiwania się nim potrzebne są odpowiednie szkolenia i sprzęt.

Glikol polietylenowy (PEG), polimer rozpuszczalny w wodzie, jest szeroko stosowany jako najbardziej obiecujący polimer do projektowania wodnych płynów wiertniczych hamujących wzrost hydratów. Badania z zakresu kinetyki powstawania i dysocjacji hydratów metanu w roztworach wodnych PEG mogą pomóc w opracowaniu skutecznych płynów wiertniczych hamujących powstawanie hydratów dla efektywnej pracy wiertniczej w głębokich warstwach atmosfery i w łożyskach hydratów. Dzięki dodaniu KCl adsorbowanie poliglikolu na montmorylonicie może kompleksować się z K+ i sprzyjać agregacji cząstek ilastych oraz skutecznie zmniejszać puchnięcie montmorylonitu.

Polianioniczna celuloza o niskiej lepkości pomaga kontrolować utratę płynów w systemach wody słodkiej, wody morskiej, KCL i błota solnego oraz zmniejsza możliwość przywierania wadliwego. Jest odporny na przywieranie bakterii, co eliminuje konieczność stosowania środków konserwujących.

Zalety PAC są następujące:

1. Minimalizuje on koszty błota, ponieważ jest skuteczny przy niskiej koncentracji i szeroko dostępny.
2. Nie jest podatny na atak bakterii.
3. Posiada on odporność na jony i jest skuteczny w szerokim zakresie ph.
4. Ma powinowactwo do powierzchni gliniastych i ogranicza ich nawodnienie i dyspersję.
5. Może być stosowany we wszystkich typach wodnych systemów błotnych
6. Powoduje on tylko minimalny wzrost lepkości

Lokalna analiza wody została przeprowadzona metodą ASTMD4691, a jej wyniki przedstawiono w tabeli 2.

Tabela 2. Lokalna analiza wody

Nie.	Składnik	Kwota	Jednostka
1	Na	1.0	g/L
2	Mg	0.15	
3	Ca	0.45	
4	K	9	mg/L

Wyniki badania dyfrakcji rentgenowskiej (XRD) próbki łupków podane w tabeli 3.

Tabela 3. Wynik XRD próbki łupków

Próbka	Metoda badania	Wynik
D3536.75	XRD	1-Quartz, 2-Kaolinit, 3-Skaleń

3.2 Procedura eksperymentalna

3.2.1 Przygotowanie próbek

Całość badań została przeprowadzona w Instytucie Badawczym Przemysłu Naftowego (Research Institute of Petroleum Industry - RIPI) w Iranie.

Faza pierwsza: przygotowanie próbki Nanofluidu składającej się z NPs, środków powierzchniowo czynnych i wody w ich składzie. Nanofluidy zostały przygotowane zgodnie ze wzorem podanym w tabeli 4.

W pierwszej fazie, środki powierzchniowo czynne były ważone i dodawane do zlewki zawierającej 20 cc wody i mieszane przez 5 minut mieszadłem magnetycznym w celu przygotowania docelowego, unikalnego płynu. Następnie do próbki dodano ważony MWCNT. Sformułowanie Nanofluidu podano w tabeli 4.

Tabela 4. Sformułowanie Nanofluidu

Dodatek	Jednostka	Kwota
Woda	ml	20
Środek powierzchniowo czynny	gr	0.35
7MWCNT	gr	0.35

Rysunek 7. MWCNT nie rozprasza się w próbce

Jak pokazano na rysunku 7, po dodaniu MWCNT do próbki zawierającej wodę i środki powierzchniowo czynne, MWCNT stał się osadami. Łaźnia ultradźwiękowa służy do rozpraszania MWCNT w próbce.

Druga faza: Ultrasonizacja

Próbka była nakładana za pomocą ultradźwięków w łaźni ultradźwiękowej (P 120 H, Elmasonic Co., Niemcy) przez 30 minut przy częstotliwości 37 kHz, 100 W i temperaturze otoczenia. Na rysunku 8 pokazano próbkę Nanofluidu po badaniu ultrasonograficznym. Ten rysunek pokazuje, że MWCNT jest całkowicie rozproszony w próbce.

Rysunek 8. Próbka Nanofluidu po ultrasonografii

W tabeli 5 przedstawiono skład Nanofluidów z różnymi środkami powierzchniowo czynnymi.

Tabela 5. Nanofluidowe preparaty

NIE.	Próbka	Typ CNT	CNT (gr)	Woda destylowana (ml)	Miejscowa woda (ml)	SDS (gr)	GA (gr)	T80 (gr)
1	Nano DF	PCNT	0.35	20	-	0.35	-	-
2	Nano DF/RPF	PCNT	0.35	-	20	0.35	-	-
3	Nano DF/RPG	PCNT	0.35	-	20	-	0.35	-
4	Nano DF/RPT	PCNT	0.35	-	20	-	-	0.35
5	Nano DF/RPGBF	PCNT	0.35	-	20	-	0.35	-
6	Nano DF/RPG.GEF	PCNT	0.35	-	20	-	0.35	-
7	Nano DF/RPGF	PCNT	0.35	-	20	-	0.35	-
8	Nano DF/RMG.GEF	MCNT	0.35	-	20	-	0.35	-
9	Nano DF/RAT	FCNT	0.35	-	20	-	-	0.35
10	Nano DF/RAG	FCNT	0.35	-	20	-	0.35	-
11	Nano DF/RAG.GEF	FCNT	0.35	-	20	-	0.35	-

Faza trzecia: przygotowanie błota bazowego (próbka bez NP)

W tabeli 6 przedstawiono błoto bazowe o różnych składach i czasach mieszania (MT).

Tabela 6. Podstawowe preparaty błotne: Bentonit DF/BF1B, DF/BFBF i Nano DF/RPGBF dodany do próbek po NaOH; DF, DF/BF, Nano DF/RPF, Nano DF, Nano DF/RPG i Nano DF/RPT bentonit dodany w końcu do próbek (wyraźna różnica pomiędzy Nano DF/RPG i Nano DF/RPGF poprzez dodanie bentonitu). Bentonit dodaje się do Nano DF/RPG jako ostatni dodatek, ale w przypadku Nano DF/RPGF początkowo dodaje się bentonit.

NIE.	Próbka	Woda destylowana (ml)	miejscowa woda (ml)	Bentonit (g/350ml)	KCl (g/350ml)	NaOH (g/350ml)	XG (g/350ml)	PAC (g/350 ml)	PHPA (g/350 ml)	PEG (g/350 ml)	rpm
				MT: 10 min.	MT: 3 min.	MT: 2 min	MT:5 min	MT:5 min	MT:10 min.	MT:5 min	
1	DF	340	-	10	11.3	0.3	0.6	2	1	-	3000
2	Nano DF	320	-	10	11.3	0.3	0.6	2	1	-	3000
3	DF/BF	-	340	10	11.3	0.3	0.6	2	1	-	3000
4	Nano DF/RPF		320	10	11.3	0.3	0.6	2	1	-	3000
5	Nano DF/RPG	-	320	10	11.3	0.3	0.6	2	1	-	6000
6	Nano DF/RPT	-	320	10	11.3	0.3	0.6	2	1	-	6000
7	DF/BFBF	-	340	10	11.3	0.3	0.6	2	1	-	6000
8	Nano DF/RPG BF	-	320	10	11.3	0.3	0.6	2	1	-	6000
9	DF/BF1B	-	340	10	11.3	0.3	0.6	2	1	0.75	6000
10	Nano DF/RPG. GEF	-	320	10	11.3	0.3	0.6	2	1	0.75	6000
11	DF/BFG EF	-	340	10	11.3	0.3	0.6	2	1	0.75	6000
12	Nano DF/RPG F	-	320	10	11.3	0.3	0.6	2	1		6000
13	Nano DF/RMG .GEF	-	320	10	11.3	0.3	0.6	2	1	0.75	6000
14	Nano DF/RAT	-	320	10	11.3	0.3	0.6	2	1	-	6000
15	Nano DF/RAG	-	320	10	11.3	0.3	0.6	2	1	-	6000
16	Nano Df/RAG. GEF	-	320	10	11.3	0.3	0.6	2	1	-	6000

{Objętość wody (320 lub 340) + objętość Nanofluidu (20 ml) + objętość dodatków = 350 ml}

Najpierw w Hamilton Beach Stirrer ważono i mieszano dodatki do płynu wiertniczego z wodą w tej samej kolejności faz dodatków i o tym samym czasie mieszania, o którym mowa w tabeli 6. Na koniec dodano nanofluidy, wyprodukowane w pierwszej fazie, i mieszano je przez 10 minut z próbką błota bazowego. Do przygotowania błota bazowego użyto 340 ml wody, a dla Nanofluidu 320 ml wody (destylowanej lub lokalnej).

3.2.2 Pomiar właściwości reologicznych BMR

Właściwości reologiczne próbek mierzonych przez wiskozymetr Fann, Model 35SA, przy sześciu różnicach obrotów na minutę (600, 300, 200, 100, 6 i 3 obroty na minutę) w celu osiągnięcia lepkości plastycznej i granicy plastyczności próbek. PH próbek zostało zmierzone pehametrem, a następnie zmierzono gęstość błota za pomocą wagi błotnej. W końcu do pomiaru właściwości filtracyjnych próbek użyto API Filter Press Apparatus.

3.2.3 Test odzysku łupków

W pracy wykorzystano procedurę zmodyfikowanego API RP 13-I. W pierwszej kolejności zastosowano łupki rozdrobnione do wielkości cząstek mniejszej niż 4 mm (Mesh NO.5) i większej niż 2 mm (mesh NO. 10).
Do próbek płynu dodano 20 gr łupków. Próbki można było walcować w piecu rolkowym przez 8 godzin w temperaturze 121 °C (250 °F) do walcowania na gorąco. Następnie próbki przesiewano przez siatkę NO. 35 sita (0,5 mm), a następnie przemyć je nasyconym wodnym roztworem chlorku sodu i solanki chlorku potasu (15%). Pozostałe na sicie łupki umyto w celu usunięcia błota przyklejonego do cząstek łupków, przed ich wysuszeniem i ponownym ważeniem. Próbka o dużej masie, która przeszła przez sito (Mesh 35) jest oznaką niestabilności łupków.

Odzyskiwanie łupków jest obliczane jako:

$$\text{Odzyskiwanie łupków} = \frac{MF}{MI} \times 100$$

MI = Początkowa masa próbki łupków

MF = Końcowa sucha masa próbki łupków

3.2.4 Test integralności łupków

Do 350 cc próbki WBM włożono tabliczkę łupkową o średnicy 1 cala i 1 cm. Tabletkę łupkową umieszczono na 24 godziny w temperaturze 93 °C (200 °F), a następnie pozostawiono do wyschnięcia w temperaturze pokojowej. Kolejna tabletka łupkowa została umieszczona w próbce OBM i porównana fizycznie, po wysuszeniu 2 tabletek.

4. Wynik i dyskusja

4.1 Właściwości reologiczne

W tabeli 7 zilustrowano dane uzyskane z różnych BJRM-ów. Właściwości reologiczne i filtracyjne mułów przedstawiono w tabeli 8.

Tabela 7. Dane uzyskane z wiskozymetru

NIE.	Próbka	Θ_{600}	Θ_{300}	Θ_{200}	Θ_{100}	Θ_{6}	Θ_{3}
1	DF	49	36	30	23	11	9
2	Nano DF	81	60	51	40	17	14
3	DF/BF	51	40	34	27	13	10
4	Nano DF/RPF	65	48	40	31	15	12
5	Nano DF/RPG	53	41	35	28	13	11
6	Nano DF/RPT	50	37	31	25	12	10
7	DF/BFBF	51	39	34	27	14	12
8	Nano DF/RPGBF	48	37	32	26	13	11
9	DF/BF1B	36	26	22	17	8	6
10	Nano DF/RPG.GEF	49	38	33	26	13	11
11	DF/BFGEF	64	48	42	34	21	15
12	Nano DF/RPGF	54	42	36	29	14	12
13	Nano DF/RMG.GEF	52	40	36	29	16	13
14	Nano DF/RAT	55	44	38	30	14	12
15	Nano DF/RAG	53	41	35	28	13	11
16	Nano DF/RAG.GEF	60	45	38	31	15	13

Tabela 8. Właściwości reologiczne i filtracyjne mułów

NIE.	Próbka	PV (cp)	YP $(\frac{lb}{100ft^2})$	pH	FL (cc)	CT (mm)	Gęstość zaludnienia $(\frac{lb}{ft^3})$
1	DF	13	23	11.2	9	0.13	-
2	Nano DF	21	39	9.9	7.5	0.35	-
3	DF/BF	11	29	11	7.6	0.5	-
4	Nano DF/RPF	17	31	9.7	9	0.4	-
5	Nano DF/RPG	12	29	9.8	8	0.83	-
6	Nano DF/RPT	13	24	9.9	8.7	0.68	-
7	DF/BFBF	12	27	-	7.1	0.72	65
8	Nano DF/RPGBF	11	26	-	-	-	65
9	DF/BF1B	10	16	-	9.2	0.75	65
10	Nano DF/RPG.GEF	11	27	9.8	6.4	0.91	63
11	DF/BFGEF	16	32	11.3	-	-	-
12	Nano DF/RPGF	12	30	10.3	-	-	-
13	Nano DF/RMG.GEF	12	28	12	-	-	-

PV = lepkość plastyczna, YP = granica plastyczności, FL = utrata filtracji i CT = grubość ciasta.

Na rysunku 9 przedstawiono ilość strat filtratu i grubość placka błotnego Nano DF/RPG.

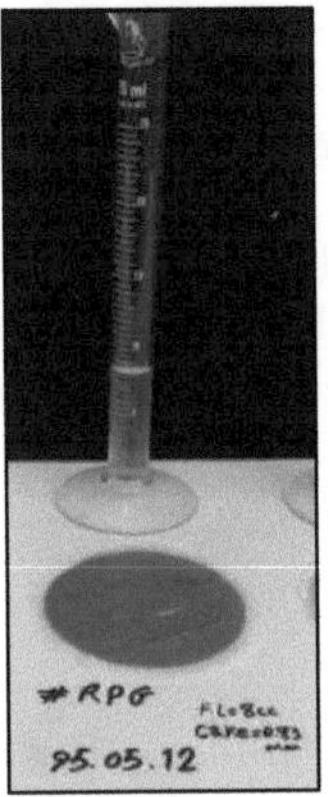

Rysunek 9. Ilość strat filtratu i grubość placka błotnego Nano DF/RPG

Na rysunku 10, próbki spieniły się w obecności PEG.

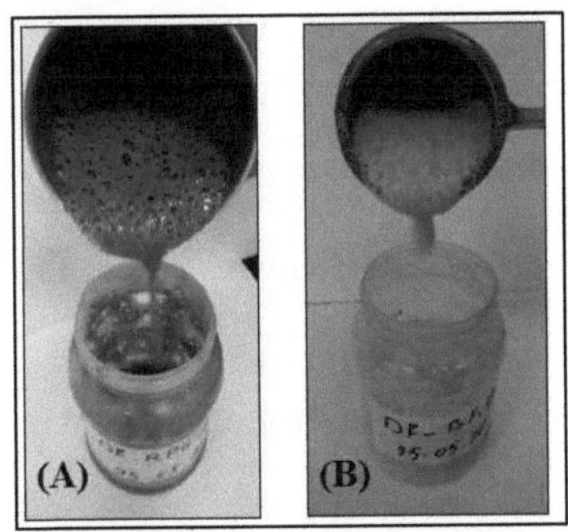

Rysunek10. (A) Nano DF/RPG.GEF spieniony po zmieszaniu; (B) DF/BF1B ma stabilną pianę po zmieszaniu

Odpowiednie właściwości reologiczne płuczki wiertniczej dla stabilności łupków przedstawia tabela 9 [21. Lepkość tworzywa sztucznego powinna wynosić od 20 do 25 cP, granica plastyczności powinna wynosić od 15 do 20 Pa, Θ3 powinna wynosić od 0 do 5, a strata płynu jest mniejsza niż 5 cc. Dane te uzyskuje się z wiskozymetru stabilności łupków przedstawionego w tabeli 7 [21. W porównaniu z wynikami z tabeli 7 i tabeli 9 wykazano, że dane uzyskane z naszych obecnych badań stanowią niemalże akceptowalny i spójny zakres stabilności łupków.

Tabela9. Dane uzyskane z wiskozymetru (21

Θ3	Θ6	Θ100	Θ200	Θ300	Θ600
Mniej niż 5	Mniej niż 10	Mniej niż 50	Mniej niż 60	Mniej niż 65	Mniej niż 90

Na rysunku 11 przedstawiono powiązane dane z tabeli 7.

Wskaźniki lepkości różnych próbek przy szybkości ścinania większej niż 170 s-1 są prawie identyczne. Dlatego też porównujemy lepkość z szybkością ścinania poniżej 200 s-1 i dane te są przedstawione na rysunku 11 .

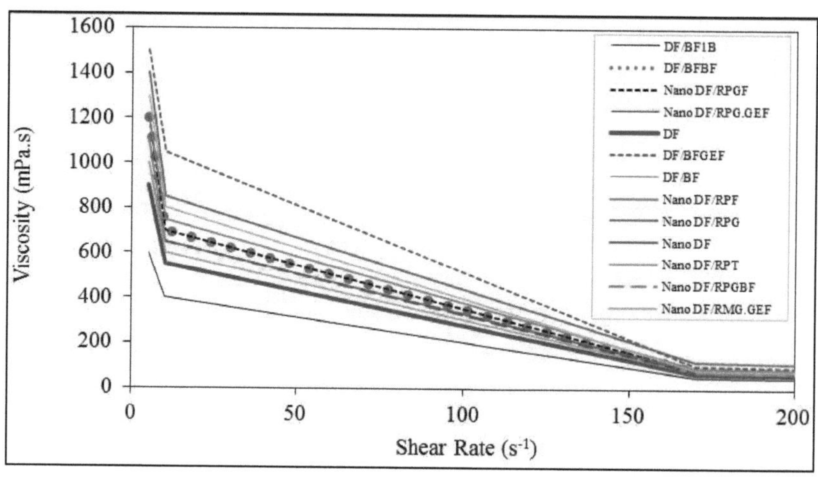

Rysunek 11. Krzywa lepkościowo-serdeczna poniżej 200 s-1

4.1.1 Wpływ wody destylowanej i wody lokalnej na właściwości reologiczne BMR

Rysunek 12 pokazuje wpływ wody na lepkość błota. Jak pokazano w tabeli 6, DF/BF i Nano DF/RPF zostały przygotowane przy użyciu wody lokalnej, natomiast Nano DF i DF zostały wykonane z wody destylowanej. Przy szybkości ścinania poniżej 200 s-1 lepkość DF/BF jest większa niż DF, który jest przygotowywany z wodą destylowaną, natomiast lepkość Nano DF/RPF jest mniejsza niż Nano DF.

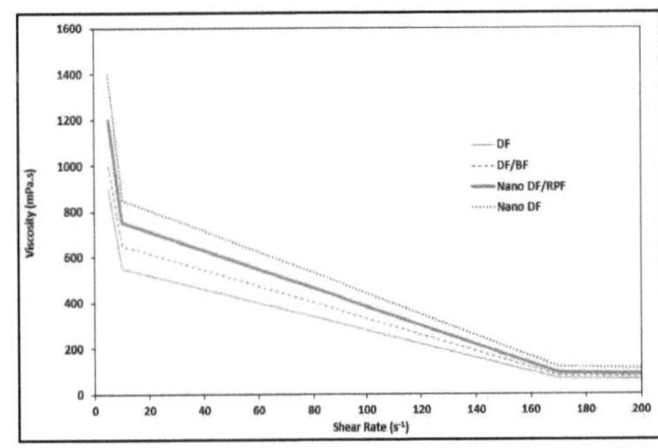

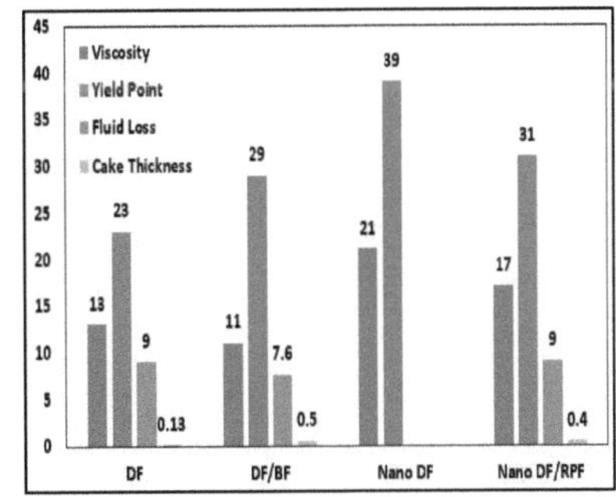

Rysunek12. Wpływ wody destylowanej i wody lokalnej na właściwości reologiczne WBM

Zgodnie z rysunkiem 12, lepkość pozorna próbek Nano DF i DF jest większa niż próbek przygotowanych przez lokalną wodę. Granica plastyczności DF jest mniejsza niż DF/BF, a granica plastyczności Nano DF/RPF jest mniejsza niż Nano DF. Innymi słowy, miejscowa woda obniża lepkość pozorną i granicę plastyczności próbek. Lokalna woda ogranicza straty wody i zwiększa grubość placka błotnego w błocie bazowym (DF i DF/BF). Porównując próbki Nano DF/RPF i DF/BF, można zauważyć, że MWCNT zmniejsza grubość placka błotnego i zwiększa szybkość utraty wody. Ogólnie rzecz biorąc, wydajność MWCNT w obecności soli (wody lokalnej) jest mniejsza niż wody destylowanej.

Lokalna woda zwiększa lepkość szlamu bazowego, jednak przez dodanie MWCNT do szlamu bazowego lepkość ta spada. Powodem jest fakt, że w lokalnej wodzie znajduje się wiele polarnych minerałów, a MWCNT jest niepolarny, dlatego też MWCNT nie może wchłonąć do polarnych minerałów lokalnej wody i nie uzyskuje się jednolitego płynu. Tymczasem w błocie bazowym wszystkie dodatki (polimery) są polarne, a dobra absorpcja z solami została stwierdzona w lokalnej wodzie, dzięki czemu powstaje jednorodna ciecz i zwiększa się lepkość błota bazowego.

4.1.2 Wpływ fazy dodawania bentonitu na właściwości reologiczne MBP

Na rysunku 13 przedstawiono wpływ fazy dodawania bentonitu na właściwości reologiczne Nanofluidu. Dodatki i ich stężenie w Nanofluidzie są takie same na rysunku 13, jednak różnica jest widoczna w fazie dodawania bentonitu. W Nano DF/RPGF bentonit dodaje się do błota, przed KCL i NaOH, natomiast w Nano DF/RPGBF bentonit dodaje się do próbki natychmiast, po NaOH; i wreszcie w końcu w próbce Nano DF/RPG bentonit dodaje się do próbki.

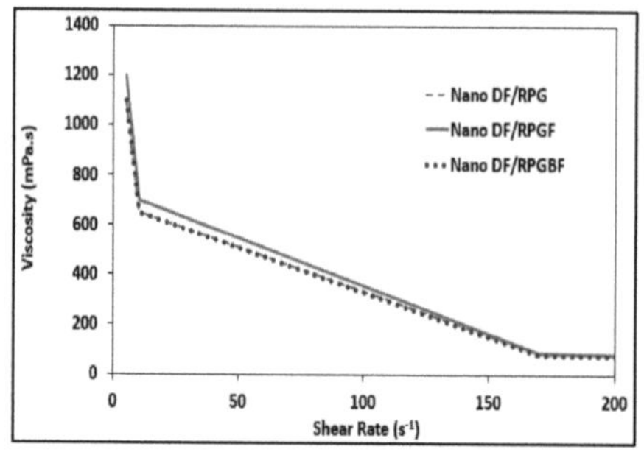

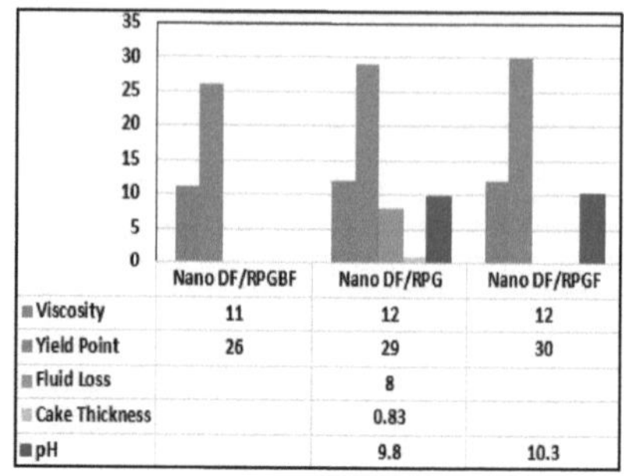

Rysunek13. Wpływ fazy dodawania bentonitu na właściwości reologiczne Nanofluidu

Ponieważ bentonit tworzy się z drobnych cząstek gliny, więc kiedy doda się go do próbki przed KCl, jego nasycenie będzie lepsze w próbce i wzrośnie jego lepkość, jednak kiedy doda się go do próbki po KCl, KCl zapobiega pęcznieniu i dystrybucji bentonitu w próbce i ostatecznie lepkość zostanie zmniejszona. Jak pokazano na rysunku 13, Nano DF/RPGF ma wyższą lepkość niż Nano DF/RPGBF i Nano DF/RPG.

Na rysunku 14 przedstawiono wpływ fazy dodawania bentonitu na właściwości reologiczne błota bazowego. DF/BFGEF i DF/BF1B zawierają w swoim składzie PEG. W DF/BFGEF bentonit dodaje się do próbki przed KCl, a w DF/BF1B bentonit dodaje się do próbki po NaOH.

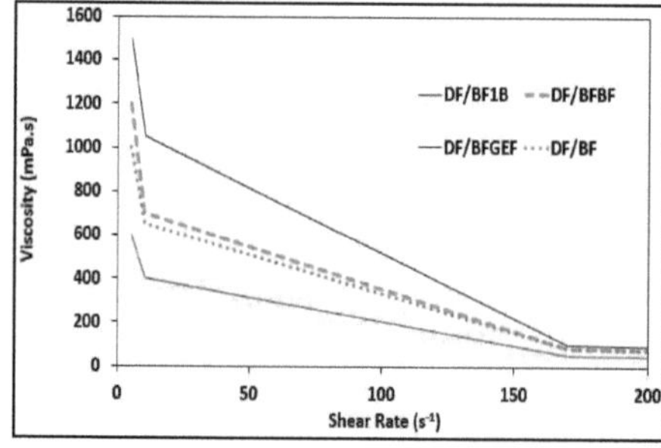

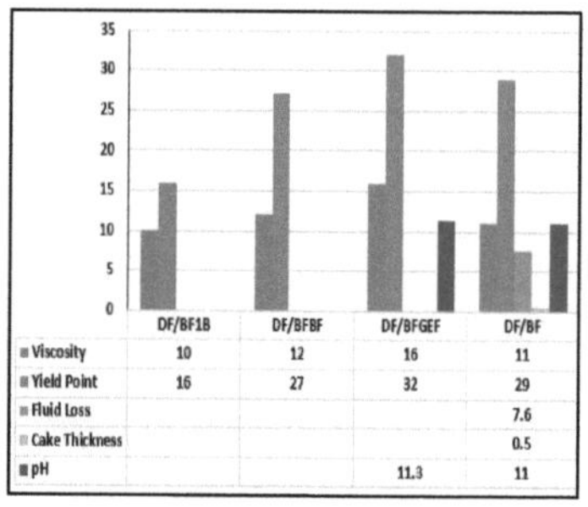

Rysunek 14. Wpływ fazy dodawania bentonitu na właściwości reologiczne błota bazowego

Jeżeli bentonit zostanie dodany do próbki przed KCl przy szybkości ścinania poniżej 200 s-1, lepkość zostanie zwiększona. Zgodnie z rysunkiem 14 lepkość i granica plastyczności DF/BFGEF są porównywalnie wyższe niż DF/BF1B. W DF/BFBF bentonit jest dodawany do próbki przed KCl, dlatego jest lepiej rozproszony w próbce i ma większą lepkość w porównaniu z DF/BF. Bentonit jest rodzajem gliny, a KCl zapobiega jego pęcznieniu, więc gdy bentonit zostanie dodany do próbki przed KCl, będzie to miało większy wpływ na właściwości reologiczne płynu wiertniczego.

4.1.3 Wpływ środków powierzchniowo czynnych na właściwości reologiczne WBM

Na rysunku 15 przedstawiono wpływ środków powierzchniowo czynnych na właściwości reologiczne WBM. W tej sekcji zostanie porównany wpływ różnych środków powierzchniowo czynnych na lepkość WBM. Środek powierzchniowo czynny SDS jest używany do przygotowania Nano DF/RPF, GA Środek powierzchniowo czynny jest używany do przygotowania Nano DF/RPG a T80 Środek powierzchniowo czynny jest używany do przygotowania Nano DF/RPT. Inne dodatki są takie same we wszystkich trzech próbkach. Jak pokazano na rysunku 15, SDS zwiększa lepkość tworzywa sztucznego, granicę plastyczności i utratę wody Nano DF/RPF bardziej niż inne środki powierzchniowo czynne i zmniejsza grubość błota. Problem SDS polega na tym, że generuje on stabilną pianę w próbkach, jak pokazano na rysunku 16. GA rozprowadza MWCNT w błocie w sposób jednorodny, gdzie po wymieszaniu nie wytwarza piany i wytwarza stabilną WBM. GA w porównaniu z T80 zwiększa wydajność i zmniejsza straty wody. T80 jest taki sam jak SDS, gdzie podczas mieszania wytwarza stabilną pianę. Tak więc w produkcji innych próbek GA został wykorzystany jako środek powierzchniowo czynny.

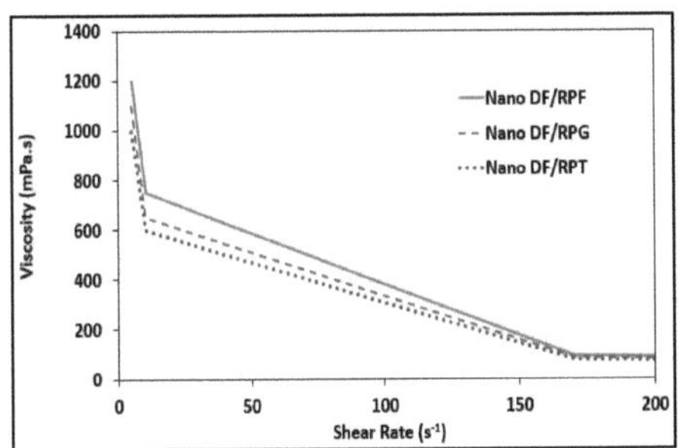

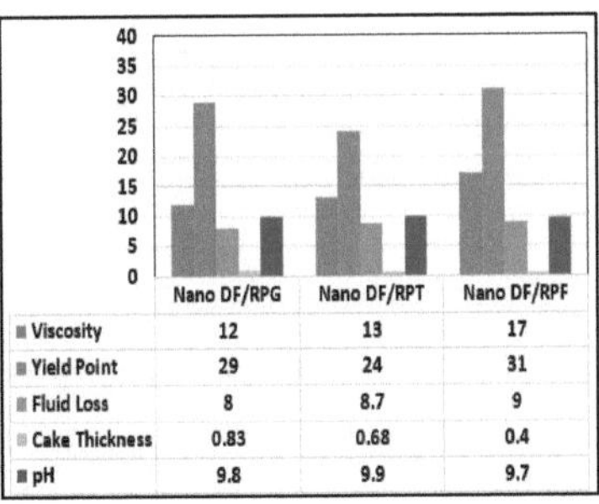

Rysunek15. Wpływ środków powierzchniowo czynnych na właściwości reologiczne WBM

Warto zauważyć, że po dodaniu do próbki błota bazowego Nanofluidu, przygotowanego przez środek powierzchniowo czynny SDS i wymieszaniu go, jak pokazano na rysunku 16, próbka silnie spieniła się i prowadzi to do obniżenia masy błota oraz wpływa na właściwości reologiczne. Chociaż w pewnym stopniu SDS poprawia właściwości reologiczne próbek płynu, większość badań przeprowadzonych w ramach niniejszych badań, jako środek powierzchniowo czynny stosuje się GA.

Rysunek 16. Pianki na próbkach spowodowane przez środek powierzchniowo czynny SDS

Jak pokazano na rysunku 17, środek powierzchniowo czynny SDS ma głowicę polarną (hydrofilową) i niepolarną (hydrofobową). Głowica polarna generuje wiązanie ze szlamem bazowym, a głowica niebiegunowa z MWCNT, po czym następuje wzrost lepkości i poprawa właściwości reologicznych szlamu.

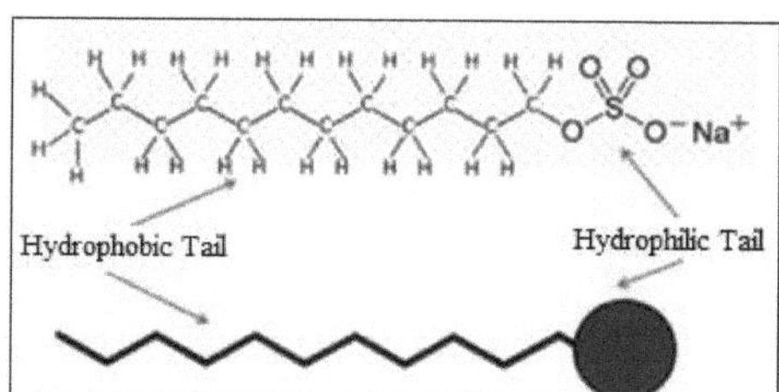

Rysunek 17. Środek powierzchniowo czynny SDS

Jak pokazano na rysunku 18, GA i błoto bazowe są polarne, a MWCNT jest niepolarne, a więc nie jest generowane dobre wiązanie pomiędzy MWCNT, GA i błotem bazowym. Jest to powód, dla którego lepkość próbki z GA jest niższa w porównaniu z próbką wygenerowaną przez SDS.

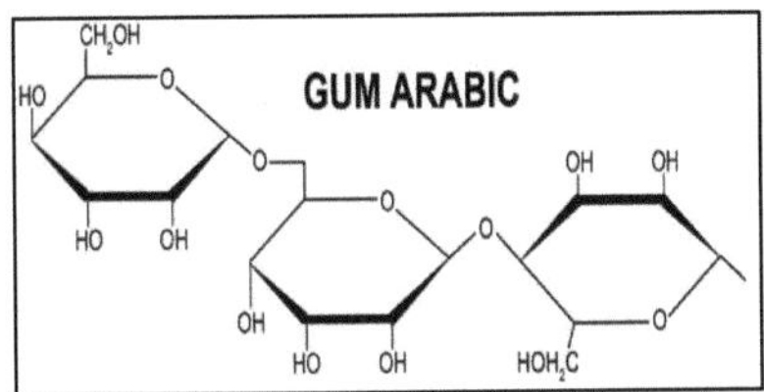

Rysunek 18. GA środek powierzchniowo czynny

T80, jak pokazano na rysunku 19, ma polarną i niepolarną głowę, jednak jego polarna głowa składa się głównie z grup eterycznych. Biegunowość eteru jest niska, co powoduje słabe wiązanie z błotem. Jest to powód, dla którego Nano DF/RPT ma niższą lepkość i mniejszą poprawę właściwości reologicznych niż inne próbki.

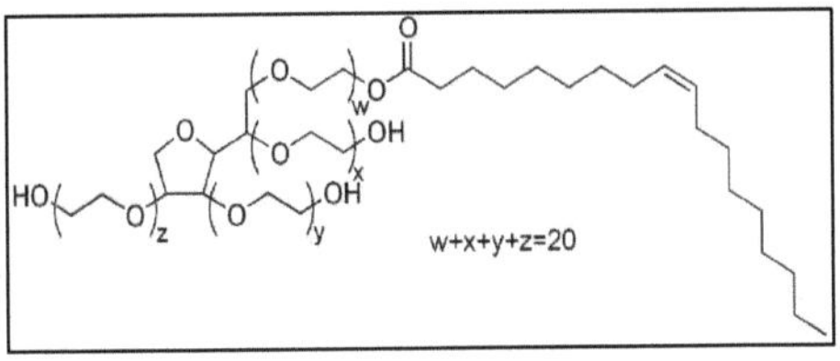

Rysunek 19. Tween 80 środek powierzchniowo czynny

GA jest polimerem o stosunkowo dużej masie cząsteczkowej, T80 jest polimerem o małej masie cząsteczkowej, a SDS jest prostą cząsteczką. Polimery mają większą masę cząsteczkową i tworzą film pokrywający pory bibuły filtracyjnej, dzięki czemu straty wody są mniejsze. Zgodnie z rys. 15 ilość utraty wody w próbkach wykonanych przez GA jest mniejsza niż w przypadku innych próbek.

4.1.4 Wpływ glikolu polietylenowego (PEG) na właściwości reologiczne Bromek polietylenu

Na rysunku 20 przedstawiono wpływ PEG na właściwości reologiczne WBM. DF/BF1B i Nano DF/RPG.GEF składają się z PEG w swoim składzie, natomiast Nano DF/RPGF i DF/BFBF nie posiadają PEG w swoim składzie. Jak pokazano na rysunku 20, PEG obniża lepkość i granicę plastyczności próbek.

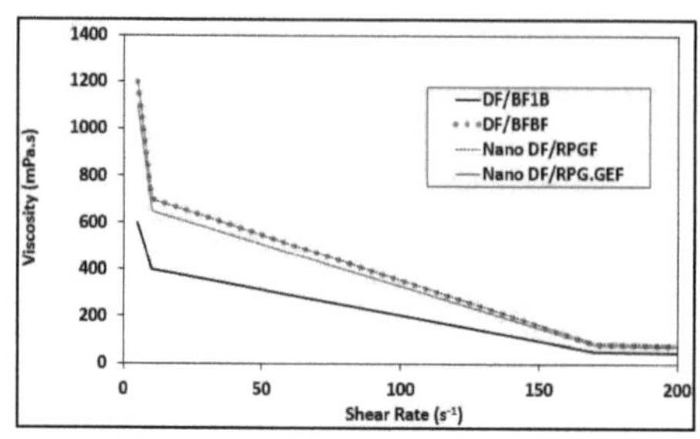

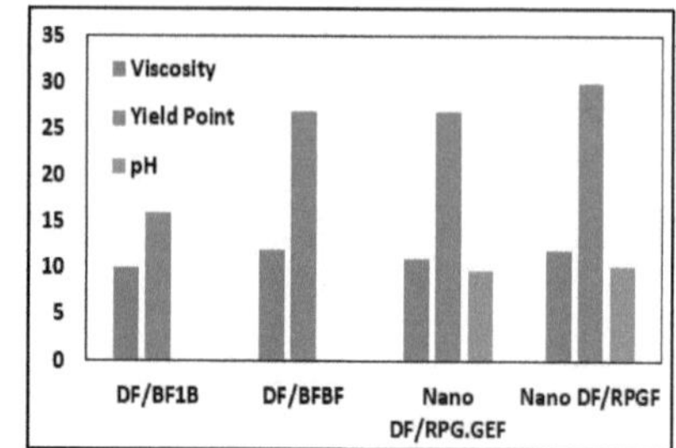

Rysunek 20. Wpływ glikolu polietylenowego na właściwości reologiczne WBM

Struktura glikolu polietylenowego przedstawiona jest na rysunku 21.

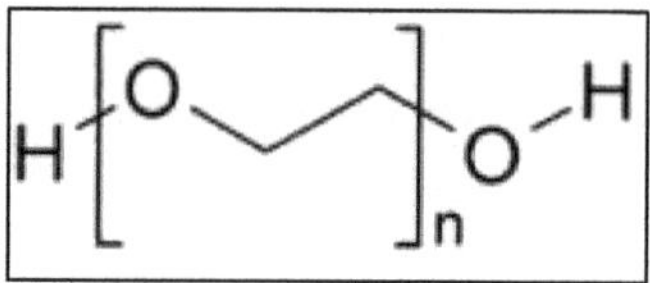

Rysunek 21. Glikol polietylenowy

Porównując dwie próbki Nano DF/RPG.GEF i Nano DF/RPGF oczywiste jest, że MWCNT (niepolarny) tworzy próbkę niejednorodną, podczas gdy próbka bardziej niehomogeniczna powstaje po dodaniu PEG (niepolarny). Zatem lepkość próbki zawierającej MWCNT i PEG jest mniejsza niż próbki bez PEG. W obu próbkach bentonit jest dodawany przed KCl. Jak pokazano na rysunku 20, po dodaniu PEG, lepkość próbki składającej się z MWCNT jest zmniejszona.

4.1.5 Wpływ nanocząsteczek na właściwości reologiczne BZT

Cząsteczki nano-węglowe są dodawane do błota bazowego w celu określenia wpływu MWCNT na wydajność WBM. W tabeli 10 przedstawiono Nano-błoto i równoważny błoto bazowe z takimi samymi dodatkami i stężeniami.

Tabela10. Błoto nanomułowe i równoważne błoto bazowe z takimi samymi dodatkami i stężeniami

NIE.	Nano błoto	Równoważne błoto bazowe
1	Nano DF	DF
2	Nano DF/RPF	DF/BF
3	Nano DF/RPG.GEF	DF/BFGEF
4	Nano DF/RPGBF	DF/BFBF

Na rysunku 22 przedstawiono wpływ nanocząsteczek na właściwości reologiczne WBM. Jak widać na rysunku 22, poprzez dodanie MWCNT do błota bazowego prowadzi to do zwiększenia lepkości i granicy plastyczności WBM. Porównując DF/BF i Nano DF/RPF widać, że Nanocząsteczki mogą zmniejszyć grubość placka błotnistego, jednak zwiększa się ilość utraty wody. Poprzez dodanie MWCNT do próbki DF (Nano DF) zwiększa się lepkość tworzywa sztucznego i granica plastyczności oraz zmniejsza się utrata wody DF.

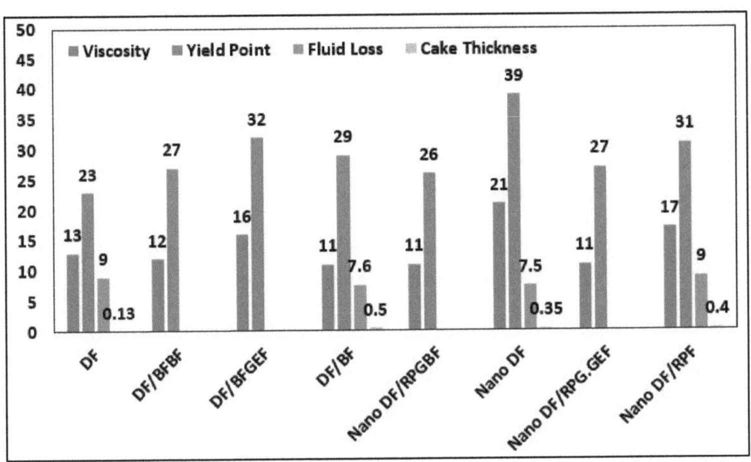

Rysunek 22. Wpływ nanocząsteczek na właściwości reologiczne WBM

Na rysunku 23 przedstawiono wpływ nanocząsteczek na właściwości reologiczne BZJ po 16 godzinach starzenia. Jak pokazano na rysunku 23, po 16 godzinach, porównując przypadki DF/BFBF i Nano DF/RPGBF, można zauważyć, że MWCNT zwiększa grubość placka błotnego i zmniejsza straty wody.

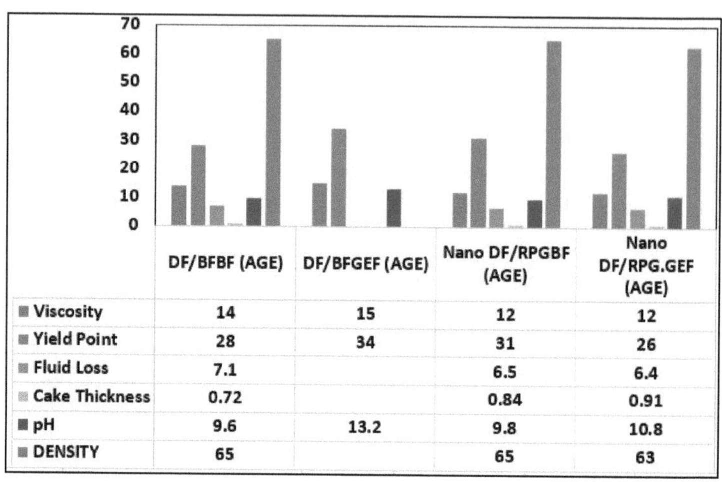

	DF/BFBF (AGE)	DF/BFGEF (AGE)	Nano DF/RPGBF (AGE)	Nano DF/RPG.GEF (AGE)
Viscosity	14	15	12	12
Yield Point	28	34	31	26
Fluid Loss	7.1		6.5	6.4
Cake Thickness	0.72		0.84	0.91
pH	9.6	13.2	9.8	10.8
DENSITY	65		65	63

Rysunek 23 Wpływ nanocząsteczek na właściwości reologiczne WBM po 16 godzinach starzenia się

MWCNT charakteryzuje się wysokim modułem i dużą powierzchnią, co poprawia właściwości reologiczne mułów. Dodatek MWCNT zmniejsza lepkość plastyczną i granicę plastyczności próbki DF/BFGEF z powodu obecności PEG.

Dodanie MWCNT do błota bazowego bez PEG poprawia właściwości reologiczne błota, ponieważ przyczyny są wymienione wcześniej.

4.1.6 Wpływ wymiarów MWCNT na właściwości reologiczne MBM

Na rysunku 24 przedstawiono wpływ wymiarów MWCNT na właściwości reologiczne WBM. Średnica i długość MWCNT użytego w Nano DF/RMG.GEF jest większa niż MWCNT użytego w Nano DF/RPG.GEF. Ze względu na wyższe moduły i wytrzymałość większych MWCNT w porównaniu z mniejszymi, lepkość tworzywa, granica plastyczności i pH Nano DF/RMG.GEF są wyższe niż Nano DF/RPG.GEF.

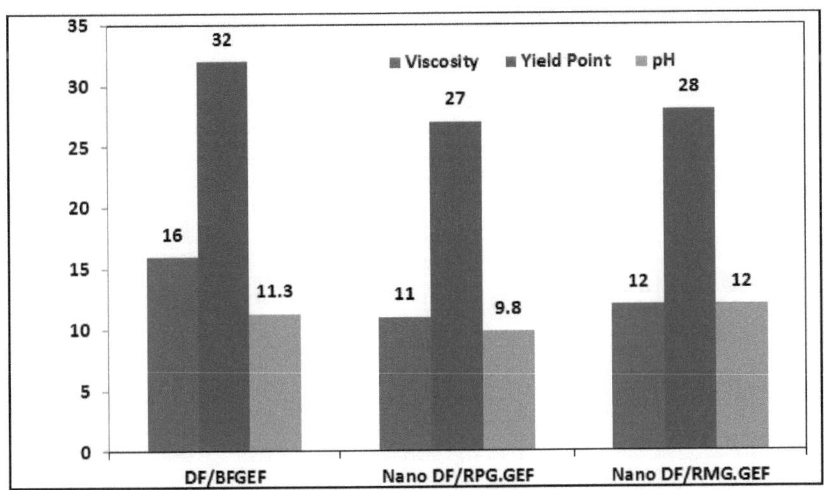

Rysunek 24. Wpływ wymiarów MWCNT na właściwości reologiczne WBM

4.1.7 Rola MWCNT w procesie starzenia się BMR

W tabeli 11 przedstawiono właściwości reologiczne niektórych próbek po 16 godzinach starzenia. W tej części badana jest rola starzenia się na właściwościach reologicznych bromków. W tym celu przeprowadzono pomiary właściwości reologicznych bezpośrednio po przygotowaniu próbki i raz po 16 godzinach. Bardzo ważne jest, aby właściwości reologiczne próbki WBM nie zmieniały się w czasie i były stabilne. Nadmierny wpływ na właściwości płuczki w czasie powoduje ogromne straty w przemyśle wiertniczym. W tym celu ciecze wiertnicze powinny mieć maksymalną stabilność podczas wykonywania odwiertów.

Tabela 11. Właściwości reologiczne po 16 godzinach starzenia się

NIE.	Próbka (wiek)	PV (cp)	YP ($\frac{lb}{100ft^2}$)	pH	FL (cc)	CT (mm)	Θ600	Θ300	Θ200	Θ100	Θ6	Θ3
1	DF/BFBF	14	28	9.6	-	-	56	42	36	28	15	13
2	DF/BF1B	11	19	9.6	-	-	41	30	25	19	8	6
3	DF/BFGEF	15	34	13.2	-	-	64	49	43	35	17	14
4	Nano DF/RPGF	12	13	11.4	-	-	54	42	36	29	14	12
5	Nano DF/RPG.GEF	12	26	10.8	-	-	50	38	33	26	13	11
6	Nano DF/ RPGBF	12	31	9.8	6.5	0.84	55	43	37	29	15	13
7	Nano DF/RMG.GEF	13	31	12	7	0.55	57	44	37	33	15	13
8	Nano DF/RAG	12	28	11	-	-	52	40	34	27	13	11
9	Nano DF/RAG.GEF	13	32	10.9	-	-	58	45	38	31	15	13

Na rysunku 25 przedstawiono lepkość w stosunku do szybkości ścinania po 16 godzinach starzenia się.

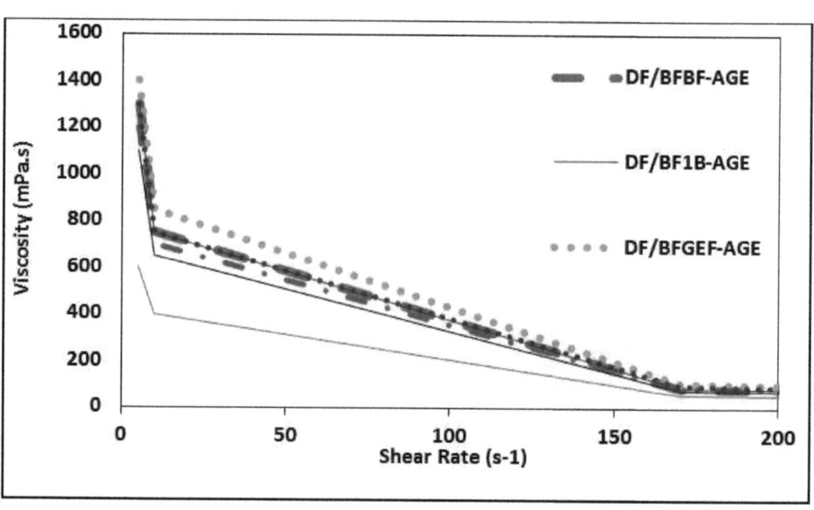

Rysunek 25. Lepkość w stosunku do szybkości ścinania po 16 godzinach starzenia się

Na rysunku 26 porównano lepkość plastyczną próbek błota po 16 godzinach starzenia się.

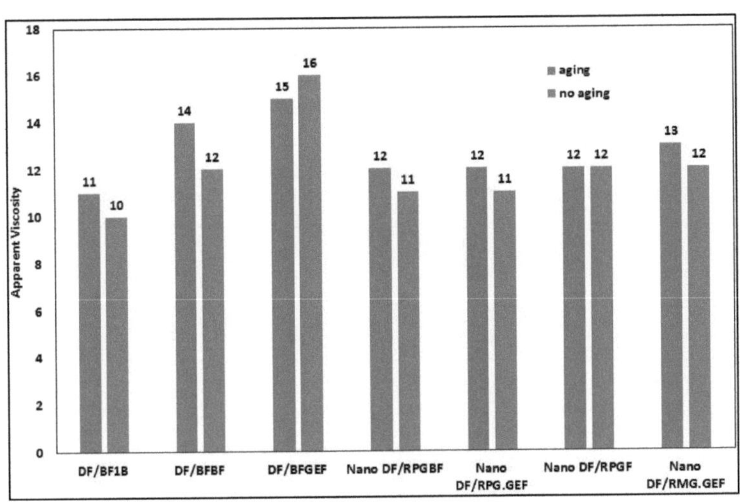

Rysunek 26. Porównanie widocznej lepkości próbek błota po 16 godzinach starzenia się

Na rysunku 27 porównano granicę plastyczności próbek błota po 16 godzinach starzenia się.

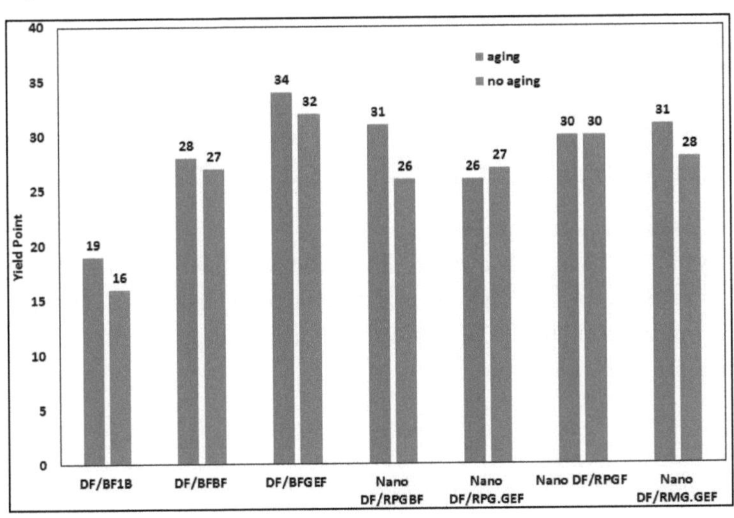

Rysunek 27. Porównanie granicy plastyczności próbek błota po 16 godzinach

Jak pokazano na rysunkach 26 i 27, właściwości próbek posiadających MWCNT nie zmieniły się nadmiernie po 16 godzinach starzenia, a ich lepkość i granica plastyczności są prawie stałe. Powodem jest to, że MWCNT jest w stanie utrzymać polimery przed degradacją, o której wspomina Halali [22.

Z obserwacji próbek pokazanych na rysunku 28 wynika, że próbki mają dobrą stabilność po 15 dniach.

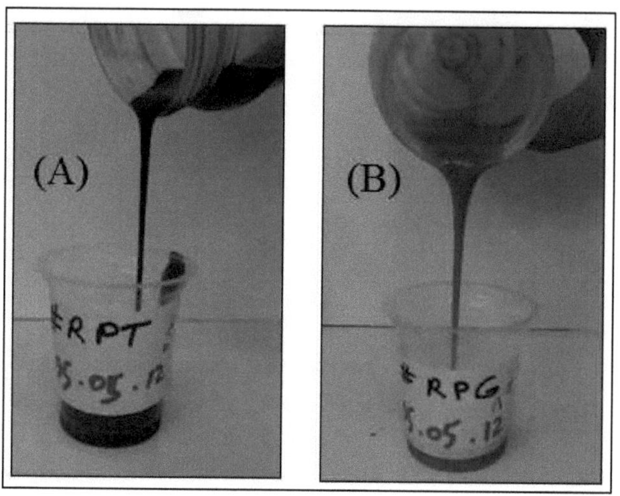

Rysunek 28. (A) Nano DF/RPT pozostaje stabilny po 15 dniach; (B) Nano DF/RPG pozostaje stabilny po 15 dniach

Zgodnie z tabelą 8 i 11 oraz porównując obie próbki Nano DF/RPF i Nano DF/RPGBF, zaobserwowaliśmy, że MWCNT zwiększa grubość placka błotnego i zmniejsza straty wody po 16 godzinach.

4.2 Wyniki testu odzysku łupków

Na rysunku 29 przedstawiono ilości odzyskanych próbek łupków. Dane uzyskane z testów odzysku łupków przedstawiono w tabeli 12. Jak pokazano na rysunku 29, przez Nano DF/RPGF i DF/BFGEF ustalono, że MWCNT w porównaniu z PEG zmniejsza odzysk łupków.

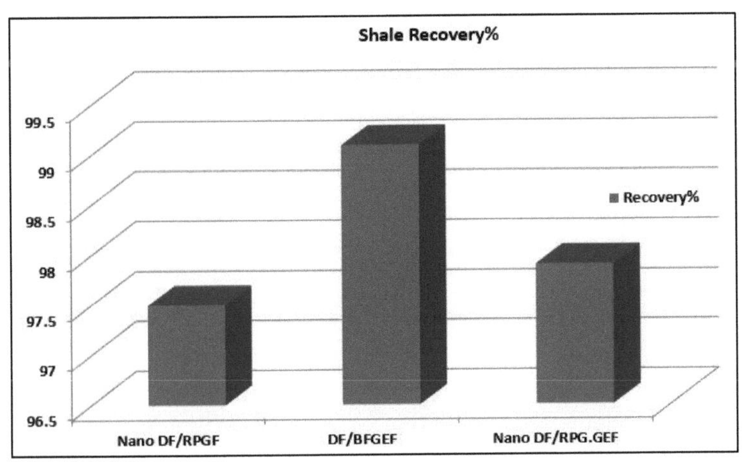

Rysunek 29. Ilości odzyskanych próbek łupków

Tabela12. Dane uzyskane z testu odzysku łupków

NIE.	Próbka	Masa początkowa próbki łupków	Końcowa sucha masa próbki łupków	Odzyskiwanie łupków %.
1	Nano DF/RPGF	20	19.5	97.5
2	DF/BFGEF	20	19.82	99.1
3	Nano DF/RPG.GEF	20	19.58	97.9

Po wchłonięciu PEG na powierzchni łupków, utrzymuje on cząstki łupków razem i poprawia odzyskiwanie próbek łupków. Porównując próbki Nano DF/RPG.GEF i DF/BFGEF można zauważyć, że dodanie MWCNT zmniejsza odzysk łupków podlegających absorpcji pewnej ilości PEG przez MWCNT. Porównując próbki Nano DF/RPGF i Nano DF/RPG.GEF stwierdzono, że PEG w obecności MWCNT może poprawić odzysk łupków, ponieważ PEG jest wchłaniany na powierzchni łupków i czyni go stabilnym.

4.3 Wyniki testu integralności łupków

Na rysunku 30 pokazano próbki łupków po teście integralności łupków. W tym teście, Nano DF/RMG.GEF jest używany jako WBM. Zgodnie z rysunkiem 30, można stwierdzić, że tabletka łupkowa jest zmiażdżona, ale nie ma rozproszenia. MWCNT zapobiega dyspersji i rozproszeniu próbki łupków. Oczywiste jest, że WBM nie może utrzymać próbki łupków zbliżonej do OBM. Niszczenie łupków można by ograniczyć poprzez zwiększenie stężenia PEG w bromie miodu.

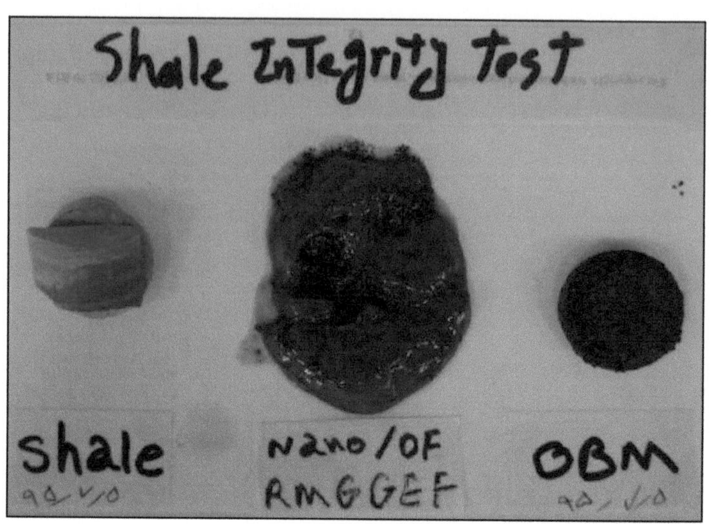

Rysunek 30. Próbki łupków po teście integralności łupków

Zgodnie z art. SPE28818 i poprzednią literaturą, aby kontrolować integralność łupków, stężenie PEG musi wynosić 3% (waga/objętość), np. 10,5 gr / 350 ml [23, podczas gdy w niniejszym badaniu PEG jest stosowany ze stężeniem 0,2% (0,75 gr / 350 ml), aby ujawnić wpływ MWCNT na stabilność łupków.

Wniosek

Zgodnie z poniższymi testami, wyniki eksperymentalne zostały opisane. Wydajność MWCNT w obecności soli (wody lokalnej) jest mniejsza niż wody destylowanej. W obecności MWCNT, poprzez dodanie bentonitu przed solą zwiększa się lepkość BZT. W obecności MWCNT poprzez zastosowanie GA jako środka powierzchniowo czynnego zmniejsza straty wody i zwiększa grubość placka WBM. Poprzez dodanie MWCNT i PEG same lub razem mają różny wpływ na właściwości reologiczne WBM. Sam dodatek MWCNT niemalże poprawia właściwości reologiczne WBM, podczas gdy sam dodatek PEG zmniejsza właściwości reologiczne błota bazowego. Ponadto, dodanie PEG do próbki składającej się z MWCNT zmniejsza lepkość i granicę plastyczności Bromek WBM. Ponadto lepkość i granica plastyczności tych próbek zawierających MWCNT i PEG są wyższe niż próbek składających się wyłącznie z PEG. Poprzez zwiększenie wielkości (średnicy i długości) MWCNT wzrasta lepkość, pH i granica plastyczności WBM. MWCNT poprawia integralność łupków. PEG poprawia odzyskiwanie łupków w obecności MWCNT. MWCNT zapobiega zatem rozpadowi próbki łupków.

Podziękowanie

Autor pragnie wyrazić uznanie dla Mohammada Tavany i Kazemzadeha oraz dla wsparcia Instytutu Badawczego Przemysłu Naftowego Iranu (Research Institute of Petroleum Industry of Iran, RIPI) w prowadzeniu niniejszego artykułu badawczego.

Referencje

1. Steiger, Ronald P., i Peter K. Leung., 1992. Ilościowe określenie właściwości mechanicznych łupków. Inżynieria wiercenia SPE 7.03, 181-185.
2. Van Oort E., Hale A.H., & Mody F.K., 1996. Transport w łupkach i projektowanie ulepszonych wodnych płynów do wierceń w łupkach. SPEDC, APE Annual Technical Conference and Exhibition, Nowy Orlean, 25_28.
3. Amanullah, Md, i Ziad Al-Abdullatif. 2014. Płyny do wiercenia, wiercenia i wykańczania zawierające nanocząsteczki do stosowania w polach naftowych i gazowych oraz związane z nimi metody. Patent USA nr 8,835,363. 16 września.
4. Lomba, R., Sharma, M. M., i Chenevert, M., 1996. Elektrochemiczne aspekty stabilności odwiertów: Transport jonowy przez zamknięte łupki. International Journal of Rock Mechanics and Mining Sciences and Geomechanics Abstracts.
5. Joel, O. F., U. J. Durueke, i C. U. N wokoye., 2012. Wpływ KCL na właściwości reologiczne skażonej wodą błony śluzowej na bazie łupków (WBM - Shale Contaminated Water-Based MUD). Global Journals Inc. (USA) 12.1.
6. Bloys, Ben, i in., 1994. Projektowanie i zarządzanie płynem wiertniczym. Oilfield Review 6.2.
7. Mody, Fersheed K., et al. 2002. Opracowanie nowych membranowych, wydajnych wodnych płynów wiertniczych poprzez fundamentalne zrozumienie generacji membran osmotycznych w łupkach. Doroczna Konferencja Techniczna i Wystawa SPE. Stowarzyszenie Inżynierów Nafty.
8. Van Oort, Eric., 2003. O fizycznej i chemicznej stabilności łupków. Journal of Petroleum Science and Engineering 38.3.
9. Zhixin Yu, et al., 2017. Potencjał nanotechnologii w przemyśle naftowym z naciskiem na płyny wiertnicze. Petro Petro Chem Eng J.
10. Sensoy, Taner, Martin E. Chenevert, i Mukul Mani Sharma., 2009. Minimalizacja inwazji wody w łupkach przy użyciu Nanocząsteczek. Doroczna Konferencja Techniczna i Wystawa SPE. Stowarzyszenie Inżynierów Nafty.
11. Chenevert, Martin E., i Mukul M. Sharma., 2014. Utrzymanie stabilności łupków poprzez zatykanie porów. Patent USA nr 8,783,352. 22 lipca.
12. Fazelabdolabadi, Babak, Abbas Ali Khodadadi i Mostafa Sedaghatzadeh., 2015. Poprawa właściwości cieplnych i reologicznych płynów wiertniczych za pomocą funkcjonalizowanych nanorurek węglowych. Stosowana Nanonauka 5.6, 651-659.
13. Amanullah, Md, Mohammed K. AlArfaj i Ziad Abdullrahman Al-abdullatif., 2011. Wstępne wyniki badań płynów wiertniczych na bazie nanotechnologii do zastosowań w przemyśle naftowym i gazowym. Konferencja i wystawa wiertnicza SPE/IADC. Stowarzyszenie Inżynierów Nafty.
14. Ji, L., Guo, Q., Friedheim, J., Zhang, R., Chenevert, M. i Sharma, M., 2012. Wiercenie niekonwencjonalnych łupków innowacyjnym wodnym szlamem błotnym - Część 1: Ocena nanocząsteczek jako fizycznego inhibitora łupków. AADE-12-FTCE-50, AADE Fluids Technical Conference, Houston, 10-11 kwietnia.
15. Sedaghatzadeh, Mostafa, i Abbasali Khodadi., 2012. Poprawa właściwości termicznych i reologicznych wodnych płynów wiertniczych z wykorzystaniem wielościennych nanorurek węglowych (MWCNT). Irańskie czasopismo "Oil & Gas Science and Technology" 1.1 .

16. Passade-Boupat, Nicolas, Cathy Rey, i Mathieu Naegel., 2013. Płyn wiertniczy zawierający nanorurki węglowe. Patent USA nr 8,469,118. 25 Jun.

17. Young, Steve, James Friedheim, Arvind D. Patel, James Tour i Dmitry Kosynkin., 2013. Materiał na bazie grafenu do stabilizacji łupków i sposób użycia. Zgłoszenie patentowe USA 13/877,852, 6 października.

18. Amanullah, Md, i Ashraf M. Al-Tahini., 2009. Nanotechnologia - ma znaczenie dla inteligentnego rozwoju płynów do zastosowań w polach naftowych i gazowych. Sympozjum techniczne sekcji SPE Arabia Saudyjska. Stowarzyszenie Inżynierów Nafty.

19. Quintero, Lirio, Antonio Enrique Cardenas, i David E. Clark., 2014. Nanofluidy i metody stosowania płynów wiertniczych i wypełniających. Patent amerykański nr 8,822,386. 2 Wrzesień.

20. Amanullah, Md., i Mohammed K. Al-Arfaj., 2015. Wodorozcieńczalna kompozycja płynu wiertniczego posiadająca wielofunkcyjny dodatek płuczkowy, zmniejszający straty płynu podczas wiercenia. Patent amerykański nr 9,006,151. 14 kwietnia.

21. Ismail, A. R., et al., 2016. Nowe podejście do poprawy właściwości reologicznych płynów wiertniczych na bazie wody poprzez zastosowanie wielościennych nanorurek węglowych, nanokrzemionki i perełek szklanych. Journal of Petroleum Science and Engineering 139.

22. Halali, Mohamad Amin, i in., 2016. Rola węglowych nanorurek w poprawie stabilności termicznej płynów polimerowych: Eksperymentowanie i modelowanie. Badania w dziedzinie chemii przemysłowej i inżynieryjnej 55,27 .

23. Aston, M.S., i G.P. Elliott., 1994. Wodorozcieńczalne płuczki wiertnicze glikolowe: mechanizmy hamujące powstawanie łupków. Europejska konferencja naftowa. Stowarzyszenie Inżynierów Nafty.

Printed by Books on Demand GmbH, Norderstedt / Germany